飞行器动力工程专业系列教材

航空发动机液压控制系统

主　编　王　彬
副主编　叶志锋

江苏高校品牌专业建设工程资助项目

科　学　出　版　社
北　京

内 容 简 介

本书是编者在多年飞行器动力工程专业液压伺服控制技术教学中结合专业需求不断总结与更新的基础上编写的。教材保留以往的经典内容,增加航空动力装置执行机构相关知识,内容体现当前航空动力控制领域的技术应用现状和发展趋势,兼顾基础理论、基本方法和技术发展等方面。其主要内容包括:液压伺服控制系统工作原理、组成及分类,航空发动机用液压放大元件,液压动力元件,机液伺服系统,电液伺服阀和高速开关电磁阀,电液伺服系统,航空发动机液压执行机构,典型液压执行机构的计算机仿真。

本书主要用作飞行器动力工程专业本科生教材,也可作为本专业或相近专业研究生以及从事航空动力装置控制研究及设计的工程技术人员的参考资料。

图书在版编目(CIP)数据

航空发动机液压控制系统/王彬主编. —北京:科学出版社,2019.5
飞行器动力工程专业系列教材
ISBN 978-7-03-061160-4

Ⅰ.①航⋯ Ⅱ.①王⋯ Ⅲ.①航空发动机-液压控制-控制系统-教材
Ⅳ.①V233.91

中国版本图书馆 CIP 数据核字(2019)第 085757 号

责任编辑:李涪汁 曾佳佳 邢 华/责任校对:杨聪敏
责任印制:赵 博/封面设计:许 瑞

科 学 出 版 社 出版
北京东黄城根北街 16 号
邮政编码:100717
http://www.sciencep.com
北京凌奇印刷有限责任公司印刷
科学出版社发行 各地新华书店经销
*
2019 年 5 月第 一 版 开本:787×1092 1/16
2025 年 1 月第七次印刷 印张:12 3/4
字数:300 000
定价:59.00 元
(如有印装质量问题,我社负责调换)

《飞行器动力工程专业系列教材》编委会

主　编：宣益民

副主编：宋迎东　张天宏　黄金泉　谭慧俊　崔海涛

编　委：（按姓氏笔画排序）

王　彬　毛军逵　方　磊　吉洪湖　刘小刚

何小民　宋迎东　张天宏　陈　伟　陈　杰

陈茉莉　范育新　周正贵　胡忠志　姚　华

郭　文　崔海涛　韩启祥　葛　宁　温　泉

臧朝平　谭晓茗

丛 书 序

作为飞行器的"心脏",航空发动机是技术高度集成和高附加值的科技产品,集中体现了一个国家的工业技术水平,被誉为现代工业皇冠上的明珠。经过几代航空人艰苦卓绝的奋斗,我国航空发动机工业取得了一系列令人瞩目的成就,为我国国防事业发展和国民经济建设做出了重要的贡献。2015年,李克强总理在《政府工作报告》中明确提出了要实施航空发动机和燃气轮机国家重大专项,自主研制和发展高水平的航空发动机已成为国家战略。2016年,国家《第十三个五年规划纲要》中也明确指出:中国计划实施100个重大工程及项目,其中"航空发动机及燃气轮机"位列首位。可以预计,未来相当长的一段时间内,航空发动机技术领域高素质创新人才的培养将是服务国家重大战略需求和国防建设的核心工作之一。

南京航空航天大学是我国航空发动机高层次人才培养和科学研究的重要基地,为国家培养了近万名航空发动机专门人才。在江苏高校品牌专业一期建设工程的资助下,南京航空航天大学于2016年启动了飞行器动力工程专业系列教材的建设工作,旨在使教材内容能够更好地反映当前科学技术水平和适应现代教育教学理念。教材内容涉及航空发动机的学科基础、部件/系统工作原理与设计、整机工作原理与设计、航空发动机工程研制与测试等方面,汇聚了高等院校和航空发动机厂所的理论基础及研发经验,注重设计方法和体系介绍,突出工程应用及能力培养。

希望本系列教材的出版能够起到服务国家重大需求、服务国防、服务行业的积极作用,为我国航空发动机领域的创新性人才培养和技术进步贡献力量。

南京航空航天大学

2017年5月

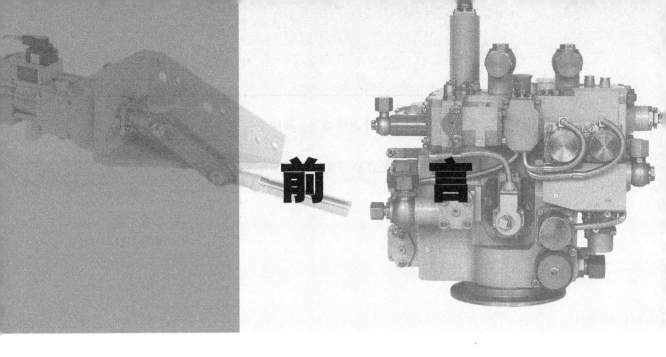

前　言

　　《航空发动机液压控制系统》是编者在多年飞行器动力工程专业液压伺服控制技术教学中不断总结与更新的基础上编写的。教材继承历届使用的《液压控制系统》教材的经典内容，结合飞行器动力工程专业特点和培养目标，加入航空发动机燃油与执行机构相关专业知识，与液压伺服控制理论结合，以期让本专业学生或相近专业的读者借助本教材有更为直接的专业指导或收获。教材的编写还兼顾后续"航空发动机控制原理"课程学习所需基础的铺垫，同时加入部件与执行机构建模与仿真的相关内容，突出高水平本科应用型人才工程实践能力培养的教学特点。

　　本书共分为 8 章。

　　第 1 章绪论：液压伺服控制系统的工作原理及组成，液压伺服控制的分类及优缺点，航空发动机中的液压作动机构以及液压伺服控制系统的发展与未来。

　　第 2 章液压放大元件：圆柱滑阀的结构形式和静态特性，零开口四边滑阀和正开口四边滑阀的静态特性，滑阀的受力分析、功率输出、效率及设计，喷嘴挡板阀，射流管阀和偏转板射流阀的原理及特性。

　　第 3 章液压动力元件：四通滑阀控制液压缸，四通阀控液压马达，液压动力元件的负载匹配。

　　第 4 章机液伺服系统：机液位置伺服系统，结构柔度对系统稳定性的影响，动压反馈装置和液压转矩放大器。

　　第 5 章电液控制阀：电液伺服阀的组成及分类，力矩马达，力反馈两级电液伺服阀，电液伺服阀的特性及主要的性能指标，高速开关电磁阀。

　　第 6 章电液伺服系统：电液伺服系统的类型，电液位置伺服系统，电液伺服系统的校正，电液力控制系统。

　　第 7 章航空发动机液压执行机构：油缸介绍，燃油流量控制，喷口调节机构，导叶控制机构，电液伺服作动器。

　　第 8 章典型液压执行机构的计算机仿真：软件仿真技术简介，MATLAB/Simulink 建模与仿真，AMESim 建模与仿真。

本书由南京航空航天大学王彬、叶志锋编写，其中王彬编写第 1~3 章、第 5~8 章，叶志锋编写第 4 章。

因编者水平有限，书中不妥之处在所难免，恳请广大读者批评指正。

编 者

2019 年 1 月 15 日

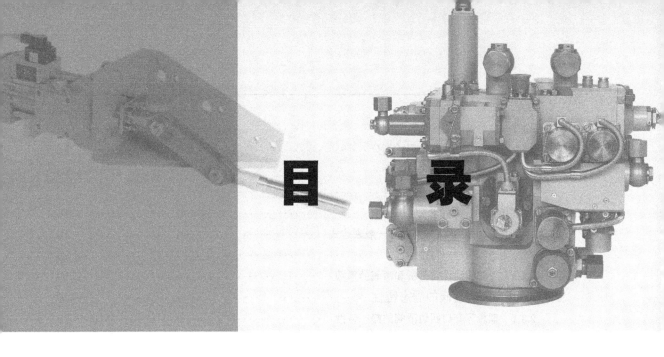

目　录

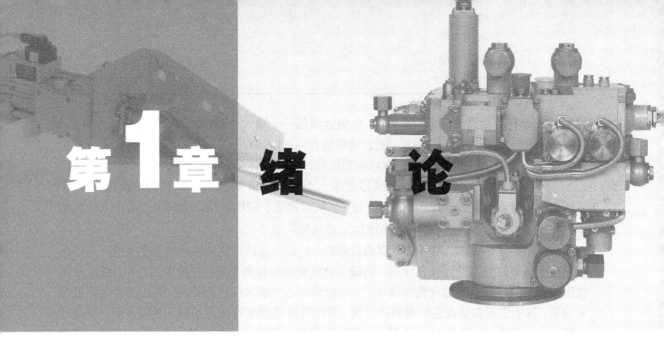

第1章 绪 论

1.1 液压伺服控制系统的工作原理及组成

1.1.1 液压伺服控制系统的工作原理

液压伺服控制系统是以液压动力元件作驱动装置所组成的反馈控制系统。在这种系统中，输出量 (位移、速度、力等) 能够自动地、快速而准确地复现输入量的变化规律。与此同时，还对输入信号进行功率放大，因此也是一个功率放大装置。

图 1-1 是一个简单的液压伺服控制系统原理图。以此为例说明液压伺服控制的工作原理。图中，液压泵 4 是系统的能源，它以恒定的压力向系统供油，供油压力由溢流阀 3 调定。液压动力元件由四边滑阀 1 和液压缸 2 组成。滑阀是转换放大元件，它将输入的机械信号 (阀芯位移) 转换成液压信号 (流量、压力) 输出，并加以功率放大。液压缸是执行元件，输入是压力油的流量，输出是运动速度 (或位移)。滑阀阀体与液压缸缸体刚性连接在一起，构成反馈回路。因此，这是个闭环控制系统。

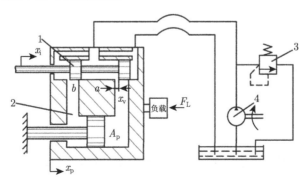

图 1-1　液压伺服控制系统原理图

1. 滑阀; 2. 液压缸; 3. 溢流阀; 4. 液压泵

当滑阀阀芯处于阀套中间位置时，阀的四个窗口均关闭 (阀芯凸肩宽度与阀套窗口宽度相等),阀没有流量输出,液压缸不动。如果给阀芯一个输入位移,如向右移动,则窗口 a、b 便有一个相应的开口量 $x_v = x_i$,压力油经窗口 a 进入液压缸右腔,推动缸体右移,液压缸左腔油液经窗口 b 回油。在缸体右移的同时,带动阀体也右移,使阀的开口量减小,即 $x_v = x_i - x_p$。当缸体位移 x_p 等于阀芯位移 x_i 时,阀的开口量 $x_v=0$,阀的输出流量为零,液压缸停止运动,处在一个新的平衡位置上,从而完成了液压缸输出位移对阀芯输入位移的跟随运动。如果阀芯反向运动,那么液压缸也反向跟随运动。

在这个系统中,输出位移之所以能自动地、快速而准确地复现输入位移的变化,是因为阀体与液压缸缸体刚性连接在一起,构成了负反馈闭环控制系统。在控制过程中,液压缸的输出位移能够连续不断地反馈到阀体上,与滑阀阀芯的输入位移相比较,得出两者之间的位置偏差,这个位置偏差就是滑阀的开口量。滑阀有开口量就有压力油输出到液压缸,驱动液压缸运动,使阀的开口量 (偏差) 减小,直到输出位移与输入位移一致为止。可以看出,这个系统是靠偏差工作的,即以偏差来消除偏差,这就是反馈控制的原理。系统的工作原理可以用图 1-2 所示的方框图表示。

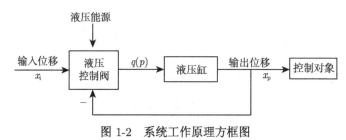

图 1-2　系统工作原理方框图

该系统中,移动滑阀阀芯所需要的信号功率很小,系统的输出功率却可以达到很大,因此这是个功率放大装置。功率放大所需的能量是由液压能源供给的,供给能量的控制是根据伺服系统偏差的大小自动进行的。因此,液压伺服系统也是一个控制液压能源输出的装置。

图 1-1 所示的系统,其输出量是位移,因此称为位置伺服控制系统。在该系统中,输入信号和反馈信号均由机械构件实现,所以也称机械液压伺服系统。液压控制元件为滑阀,靠节流原理工作,也称节流式或阀控式液压伺服系统。

图 1-3 是泵控式电液速度控制系统的原理图。该系统的液压动力元件由变量泵和液压马达组成,变量泵既是液压能源又是液压控制元件。由于操纵变量机构所需的力较大,通常采用一个小功率的液压放大装置作为变量控制机构。图 1-3 所示系统采用阀控式电液位置伺服机构作为泵的变量控制机构。液压马达的控制速度由测速发电机检测,转换为反馈电压信号 U_f,与输入指令电压信号 U_r 相比较,得出偏差电压信号 $U_e = U_r - U_f$ 作为变量控制机构的输入信号。

当速度指令为 U_{r0} 时,负载以某个给定的转速 ω_0 工作,测速机输出反馈电压 U_{f0},则偏差电压 $U_{e0} = U_{r0} - U_{f0}$,这个偏差电压对应于一定的液压缸位置,从而对应于一定的泵流量输出,此流量为保持负载转速为 ω_0 所需的流量。可见偏差电压 U_{e0} 是保持工作速度为 ω_0 所需要的,因此这是个有差系统 (内部控制回路闭合)。如果负载变化或其他原因引起转速发生变化,则 $U_f \neq U_{f0}$。假如 $\omega > \omega_0$,则 $U_f > U_{f0}$,此时,$U_e = U_{r0} - U_f < U_{e0}$,使液压缸输出

位移减小, 于是泵输出流量减小, 液压马达转速便自动下调至给定值。反之, 如果转速下降, 则 $U_f < U_{f0}$, 因而 $U_e > U_{e0}$, 使液压缸输出位移增大, 于是泵输出流量增大, 液压马达转速便自动回升至给定值。可见, 在速度指令一定时, 液压马达转速可保持恒定, 不受负载变化等影响。如果速度指令变化, 则液压马达转速也相应变化。系统的工作原理方框图见图 1-4。

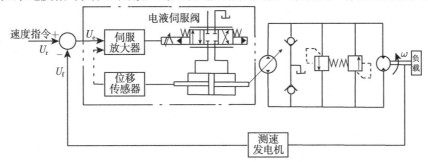

图 1-3　泵控式电液速度控制系统原理图

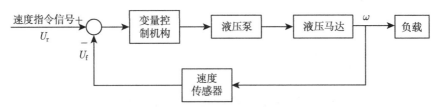

图 1-4　泵控式电液速度控制系统工作原理方框图

在这个系统中, 内部控制回路 (图 1-3 中的双点划线) 可以闭合也可以不闭合。当内部控制回路闭合时, 消除了液压泵变量液压缸的积分作用, 使前置级不再带有积分环节, 整个系统成为 O 型系统。当内部控制回路不闭合时, 整个系统是 I 型系统。

图 1-4 所示系统, 在内部控制回路闭合的情况下, 将速度指令变为位置指令, 测速机改为位置传感器, 就成为泵控式电液位置伺服系统。

1.1.2　液压伺服控制系统的组成

液压伺服控制系统由以下一些基本元件组成。

输入元件。输入元件也称指令元件, 它给出输入信号 (指令信号) 加于系统的输入端。该元件可以是机械的、电气的、气动的等, 如靠模、指令电位器或计算机等。

反馈测量元件。反馈测量元件测量系统的输出并转换为反馈信号。这类元件也是多种形式的。各种传感器常作为反馈测量元件。

比较元件。比较元件将反馈信号与输入信号进行比较, 给出偏差信号。

放大转换元件。放大转换元件将偏差信号放大、转换成液压信号 (流量或压力), 如伺服放大器、机液伺服阀、电液伺服阀等。

执行元件。执行元件产生调节动作加于控制对象上, 实现调节任务, 如液压缸和液压马达等。

控制对象。控制对象是指被控制的机器设备或物体, 即负载。

此外, 还可能有各种校正装置, 以及不包含在控制回路内的液压能源装置。

1.2　液压伺服控制的分类

液压伺服控制系统可按不同的原则分类, 每一种分类的方法都代表系统一定的特点。

1.2.1　按系统输入信号的变化规律分类

液压伺服控制系统按输入信号的变化规律不同可分为: 定值控制系统、程序控制系统和伺服控制系统。

当系统输入信号为定值时, 称为定值控制系统。对定值控制系统, 基本任务是提高系统的抗干扰性, 将系统的实际输出量保持在希望值上。当系统的输入信号按预先给定的规律变化时, 称为程序控制系统。伺服系统也称随动系统, 其输入信号是时间的未知函数, 而输出量能够准确、快速地复现输入量的变化规律。对伺服系统来说, 能否获得快速响应往往是它的主要问题。

1.2.2　按被控物理量的名称分类

按被控物理量的名称不同可分为: 位置伺服控制系统、速度伺服控制系统、力控制系统和其他物理量的控制系统。

1.2.3　按液压动力元件的控制方式或液压控制元件的形式分类

按液压动力元件的控制方式或液压控制元件的形式不同可分为: 节流式控制 (阀控式) 系统和容积式控制 (变量泵控制或变量马达控制) 系统。其中, 阀控系统又可分为阀控液压缸系统和阀控液压马达系统两种; 容积式控制系统又可分为伺服变量泵系统和伺服变量马达系统两种。

阀控系统的优点是响应速度快、控制精度高、结构简单; 缺点是效率低。其由于性能优越而得到广泛的应用, 特别是在快速、高精度的中小功率伺服系统中应用很广。泵控伺服系统的优点是效率高, 缺点是响应速度较慢、结构复杂。另外, 操纵变量机构所需的力较大, 需要专门的操纵机构。通常采用一套小型的伺服机构 (图 1-3), 其功率为主回路功率的 2%~10%, 还常需要单独的能源, 造成系统复杂化。泵控系统适用于大功率而对响应速度要求不高的场合。

阀控系统根据液压能源的形式不同又可分为恒压伺服系统和恒流伺服系统。在恒压伺服系统中, 液压能源以恒定的压力向系统供油; 在恒流伺服系统中, 液压能源以恒定的流量向系统供油。恒流伺服系统结构简单、价格低廉、效率相对较高, 但阀的线性度差。一般恒流伺服系统的性能不如恒压伺服系统, 所以恒压伺服系统用得比较多, 而恒流伺服系统只用在对系统性能要求不高的场合。

1.3　液压伺服控制的优缺点

液压伺服控制具有很多的优点, 因而获得广泛的应用。但也存在一些缺点, 这些缺点限制了它的应用。

1.3.1　液压伺服控制的优点

液压伺服控制系统与其他类型的伺服控制系统相比,具有以下的优点:

(1) 液压元件的功率-质量比和力矩-惯量比 (或力-质量比) 大。液压元件可以组成结构紧凑、体积小、质量轻、加速性好的伺服系统。对于中、大功率的伺服控制系统,这一优点尤为突出。

为了说明这一点,现将液压元件与电气元件作一比较。电气元件的最小尺寸取决于最大的有效磁通密度和功率损耗所产生的发热量 (与电流密度有关)。最大有效磁通密度受磁性材料的磁饱和限制,而热量散发又比较困难,因此电气元件的结构尺寸比较大,功率-质量比和力矩-惯量比小。液压元件功率损耗所产生的热量可由油液带到散热器去散发,它的尺寸主要取决于最大工作压力,由于最大工作压力可以很高 (目前可达 45MPa),所以液压元件的体积小、重量轻,而输出力或力矩却很大,使功率-质量比和力矩-惯量比 (或力-质量比) 大。一般液压泵的质量只是同功率电动机质量的 10%~20%,尺寸为后者的 12%~13%。液压马达的功率-质量比一般为相当容量电动机的 10 倍,而力矩-惯量比为电动机的 10~20 倍。

(2) 液压动力元件快速性好,系统响应快。由于液压动力元件的力矩-惯量比 (或力-质量比) 大,所以其加速能力强,能高速起动、制动与反向。例如,加速中等功率的电动机需一至几秒,而加速同功率的液压马达的时间只需电动机的 1/10 左右。

由于液压系统中油液的体积弹性模量很大,由油液压缩性形成的液压弹簧刚度很大,而液压动力元件的惯量又比较小,所以由液压弹簧刚度和负载惯量耦合成的液压固有频率很高,故系统的响应速度快。具有与液压系统相同压力和负载的气动系统,其响应速度只有液压系统的 1/50。

(3) 液压伺服控制系统抗负载的刚度大。液压伺服控制系统输出位移受负载变化的影响小,定位准确,控制精度高。由于液压固有频率高,允许液压伺服控制系统特别是电液伺服控制系统有较大的开环放大系数,因此可以获得较高的精度和响应速度。另外,由于液压系统中油液的压缩性很小,同时泄漏也很少,故液压动力元件的速度刚度大,组成闭环系统时其位置刚度也大。电动机的开环速度刚度约为液压马达的 1/5,电动机的位置刚度接近于零。因此,电动机只能用来组成闭环位置控制系统,而液压马达 (或液压缸) 却可以用来进行开环位置控制,当然闭环液压位置控制系统的刚度比开环时要高得多。气动系统由于气体可压缩性的影响,其刚度只有液压系统的 1/400。

综上所述,液压伺服控制系统体积小、重量轻、控制精度高、响应速度快。这些优点对伺服控制系统来说是极其重要的。除此之外,还有一些优点:液压元件的润滑性好、寿命长;调速范围宽、低速稳定性好;借助油管动力传输比较方便;借助蓄能器,能量储存比较方便;液压执行元件有直线位移式和旋转式两种,增加它的适应性;过载保护容易;解决系统温升问题比较方便等。

1.3.2　液压伺服控制的缺点

(1) 液压元件,特别是精密的液压控制元件 (如电液伺服阀) 抗污染能力差,对工作油液的清洁度要求高,污染的油液会使阀磨损而降低其性能,甚至使其被堵塞而不能正常工作。

这是液压伺服控制系统发生故障的主要原因。因此液压伺服控制系统必须采用精细过滤器。

(2) 油液的体积弹性模量随油温和混入油中的空气含量而变化。油液的黏度也随油温变化而变化，因此油温变化时对系统的性能有很大的影响。

(3) 当液压元件密封设计、制造和使用维护不当时，容易引起外漏，造成环境污染。目前液压系统仍广泛采用可燃性石油基液压油，油液外漏可能引起火灾 (特别是介质为煤油的航空发动机液压执行元件)，所以有些场合不适用。

(4) 液压元件制造精度要求高，成本高。

(5) 液压能源的获得和远距离传输都不如电气系统方便。

1.4　航空发动机中的液压作动机构

航空发动机是一种高度复杂和精密的热力机电装备，因研发技术难度大，高精尖航空发动机常被称作现代工业技术皇冠上的明珠。控制系统近乎发动机的 "大脑"，实现供油量调节、喘振、超温超速等安全保护、放气与导叶控制、喷口面积或推力矢量控制、涡轮间隙控制等诸多功能。液压作动机构，又称液压执行机构，是发动机控制任务对应的启闭、调节动作的物理载体。若将某一具体完整的发动机控制系统或控制任务与人手抓物体的过程对比，则系统中的传感器作用类似于人的眼睛、中央电子控制器类似于人的大脑，本节将要介绍的液压作动机构就类似于人的手臂。在抓取过程中，人眼不断观察物体位置及其与手的距离并反馈给大脑，大脑发送指令控制手臂移动的方向和大小，最终成功抓取物体。同样，发动机控制系统中，根据传感器检测发动机当前运行状态，由控制器发送相应指令给液压作动机构做相应的移动或偏转动作，通断或比例调节油路气路、调节风扇进口可调叶片角 (或高压压气机进口可调静子叶片角) 或尾喷口面积等。

当前，航空发动机控制方式正由传统液压机械式向数字电子控制系统发展，这将摒弃繁多实现传感、传动、计算的机械和液压元件，由电子元件代替，以适应多变量、高可靠性控制，也有利于减轻控制系统的重量。然而，发动机燃油系统无论如何改进，其燃油量调节、执行机构作动仍将利用液压元件或电液伺服控制系统，因此液压伺服控制技术在航空发动机中有着不可替代的重要作用。

液压作动机构的工作离不开液压元件，其中最核心的部件当属燃油泵，这些是液压作动机构的能源提供者。图 1-5 为燃油泵调节器，图 1-6 为现代电动计量燃油泵。两者区别在于：前者一般由发动机高压转子驱动，转速依赖于发动机转速，燃油泵输出燃油经燃油计量装置 (fuel metering unit, FMU) 获得所需供油量，供油量与油门杆指令一致，多余燃油经装置节流回油。而后者基于电机直接调节燃油泵转速实现，其转速独立于发动机转速，可实现按需供油。

主燃油泵实际多与燃油计量装置及相关传感器、保护装置集成为一体，常称作调节器。燃油计量装置是发动机燃油系统最主要的液压控制系统。另外，还有几处典型的执行机构均为液压伺服控制系统。

图 1-5　燃油泵调节器

图 1-6　现代电动计量燃油泵

1.4.1　燃油计量装置

　　燃油计量装置是实现自动精确供油的主要执行机构，一般和燃油泵、油滤、液压机械组件 (hydro mechanical unit, HMU)、各类传感器、燃油分配器、可调导叶作动机构及其他保护作动机构集成为一体成为液压机械装置，如图 1-7 所示。它可作为数控系统的备份装置，也是传统液压机械式控制系统的主要组成部分。

图 1-7　某涡桨发动机液压机械装置

　　燃油计量装置主要由计量活门、等压差活门、伺服阀、随动活塞及位移传感器等构成，检测与补偿都基于电液控制的方式实现 (图 1-8)。通往发动机燃烧室的燃油流量主要通过计量活门控制，等压差活门同样用于保持其前后压力差不变，通过计量活门的燃油流量唯一由计量阀的开度决定。电液伺服阀、位移检测元件及发动机控制器组成电液位置伺服控制系统，其随动活塞的位移输出决定了计量活门的开度，即燃油流量。这是一个典型的电液伺服控制系统，随动活塞位移 (即液压缸位移) 决定了燃油流量，位移传感器输出位移至伺服阀控制器，与输入信号或指令信号对比，其偏差即伺服阀的控制电流，改变主阀芯开度以调节进出液压缸的流量来改变其位移，直至达到目标值，停止运动。

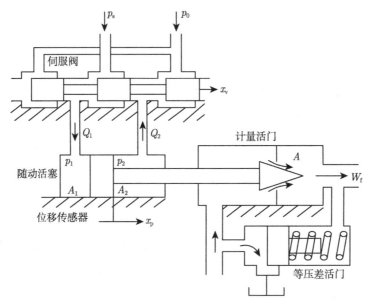

图 1-8　燃油计量装置原理

1.4.2　离心飞重转速调节机构

　　离心飞重转速调节机构是传统液压机械控制方式常见的一种供油量调节部件，该系统集指令输入、信号变换与传感、比较、液压放大驱动、负载于一体，是典型的机液伺服控制系统 (图 1-9)。

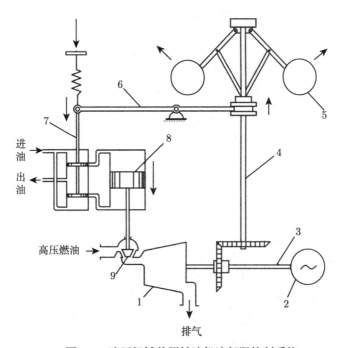

图 1-9　液压机械装置转速机液伺服控制系统

1. 回油室; 2. 油泵; 3. 传动轴; 4. 导杆; 5. 离心块; 6. 反馈杆; 7. 滑阀; 8. 活塞; 9. 回油针

具体工作过程：离心飞重感受发动机转速，其在离心力作用下通过滑块在导杆上滑移。经反馈杆与滑阀固联。转速由指令弹簧输入。稳态时，转速指令输入和离心飞重位置平衡，使滑阀工作边关闭，无液压信号输出。当转速升高时，滑块上移，在反馈杆作用下，滑阀下移，液压缸无杆腔进高压油，有杆腔回油，使活塞杆向下运动，从而带动回油针下移，减小进入发动机的燃油量，从而使发动机转速降低。这是一个典型的机液伺服控制系统，离心飞重及反馈杆为反馈元件，滑阀与指令弹簧构成比较元件。滑阀也为放大元件，单活塞缸为执行元件。

1.4.3 导叶控制机构

航空发动机导叶控制主要有风扇进口可调叶片角度和压气机中间级静子叶片角度调节。一般均采用液压作动方式。例如，可调静子叶片 (variable stator vanes, VSV) 可改善高压压气机的工作特性，扩大喘振裕度，保证发动机稳定工作；通过优化可调叶片角度控制规律，还能一定程度提高发动机性能，如图 1-10 所示。当压气机转速从其设计值往下降低时，静子叶片角度逐渐关小，以使空气流到后面转子叶片上的角度 (气流攻角) 合适，达到防喘的目的。当压气机转速增加时，静子叶片角度逐渐开大，使进入工作轮叶片的气流攻角接近为零。可调静子叶片的工作状态由全权限数字电子控制 (full authority digital electric control, FADEC) 或液压机械式燃油控制器控制。FADEC 或液压机械式燃油控制器控制伺服操作可调静子叶片作动器的移动，再通过摇臂组件、主杆、连杆等传到作动环，作动环使连到它上面的所有叶片同时转角。图 1-11 为某进口导叶作动器。它由电机、泵、伺服阀、作动器和传感器等集成为一体，是典型的电液伺服控制系统。

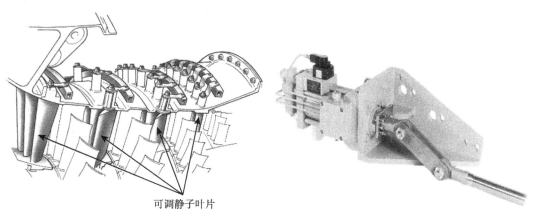

图 1-10 可调静子叶片结构示意图   图 1-11 进口导叶作动器

1.4.4 喷口作动器

对固定喷口发动机，喷口作动器主要用以调节喷口开口面积，通过调节喷气速度以改变推力。对具有推力矢量调节功能的发动机 (即喷口可以向不同方向转动，以实现推力大小方向均可调，故称作推力矢量)，喷口作动器主要用以调节喷口的相对位置以使飞机具有过失速机动能力，即大迎角下的机动能力。如图 1-12 所示推力矢量喷口作动器和图 1-13 矢量喷口作动原理示意图。

图 1-12　推力矢量喷口作动器

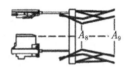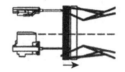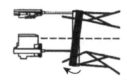

(a) A_8调节(一组作动器)　　(b)面积比调节(调节环平移)　(c)推力矢量调节(调节环偏转)

图 1-13　矢量喷口作动原理示意图

1.4.5　反推装置

发动机反推装置又称推力反向器,其主要用途是增大飞机的制动功率,从而缩短着陆期间的滑跑距离,有时也用于飞行中减速或提高飞行机动性。其原理是将涡轮或加力燃烧室后的全部或部分燃气、涡扇发动机内涵道或外涵道的气流折转向斜前方排出而产生反向推力,反推力的大小与转折的气流流量、排气速度、转折角和飞行速度等均有关。

这些推力反向器系统可包括一个或多个平移或枢转罩,其在打开时将发动机推力向前改变,从而向飞机提供减速力。图 1-14 为某民用大涡扇发动机反推工作状态,其发动机外壳的几个枢转罩处于转折位置,使气流折转向斜前方排出而产生反向推力。这里,每个枢转罩需要用相应的液压作动器对其进行操控,图 1-15 为一种反推控制装置主作动器,其一般由液压控制阀与液压作动器组成,是典型的阀控执行机构。推力反向器系统通常使用飞机的

图 1-14　民用大涡扇发动机反推工作状态

图 1-15　反推控制装置主作动器

FADEC 系统向飞行员发送或接收信息。具体地,来自位移传感器或锁定开关的信号可以经由 FADEC 系统提供给飞行员和/或人员或系统以进行监控。此外,来自飞行员的信号可以提供给 FADEC 系统并用于操作作动器。

1.4.6　电静液作动器

现代航空飞行器普遍需要高功率密度、高可靠性的作动器以实现高性能驱动与控制,如飞机机翼、起落架等。传统液压作动器构成复杂,所需系统管路较多,对减重、可靠性及控制性能的提升均有诸多不利。电静液作动器 (electro hydrostatic actuator, EHA) 是近年来国内外研究的热点之一。其主要思想是将作动器所用油源、控制元件和执行元件 (含传感器) 集成为一体,一般构成闭式油路节省用油,可极大提高作动器的功率密度,同时减轻飞行器附件重量,与多电/全电飞机技术匹配。目前国际主流大型商用飞机已成功应用 EHA 技术。目前大多航空发动机执行机构采用常规的液压驱动方式,如导叶和喷口等 (图 1-16)。可以预见,航空发动机中的执行机构也有望采用 EHA,从而改变现有导叶或喷口作动器大多采用燃油介质作为液压驱动器的功率传输媒介的情况,极大地简化燃油管路构架,且 EHA 可完全满足分布式控制系统对执行机构的要求。典型 EHA 系统方框图见图 1-17。研制 EHA 关键在于一体化集成设计、热管理及控制方法等问题。后续章节会详细介绍。

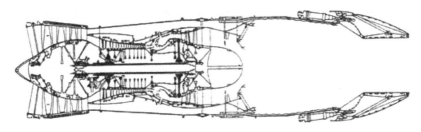

图 1-16　航空发动机中的导叶和喷口典型液压作动机构

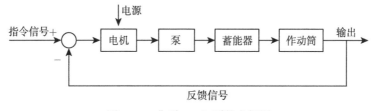

图 1-17　典型 EHA 系统方框图

1.5　液压伺服控制系统的发展与未来

液压伺服控制是一门新兴的科学。它是液压技术和控制技术的合成,是高功率密度作动器的典型代表。特别是近年来在军工及航空航天技术方面的应用,更是促使液压伺服控制技术得到了迅速发展。这门技术无论是在基础元件和系统方面,还是在理论与应用方面都日趋完善和成熟,可以说是一门新兴技术。

正如航空发动机控制方式的发展演变,液压机械伺服控制出现最早,其主要用于飞机上的液压助力器以操纵飞机机翼或舵面。20 世纪 40 年代,首先在飞机上出现了电液伺服系统,但该系统的滑阀由伺服电机驱动,作为一种电液转换器。尤其是伺服电机响应速度慢,从而限制了电液伺服系统的响应。超声速飞机的发展对伺服系统的要求不断提高,尤其是导弹控制需要,加快了高频响电液伺服控制技术的产生与发展。50 年代初出现的快速响应永磁力矩马达,力矩马达与滑阀组合,形成了电液伺服阀。50 年代末,又出现了以喷嘴挡板阀作为第一级液压放大器的电液伺服阀,进一步提高了伺服阀的响应速度。60 年代,各类结构的电液伺服阀相继出现,其性能日趋完善,特别是与电子技术结合,使电液伺服阀系统得到更为迅速的发展。

当前,高性能航空发动机用液压作动器正充分利用现代智能控制技术,进一步提升其综合性能,面向多/全电发动机分布式控制系统架构需要,成为其控制系统重要的物理部件。其主要发展趋势是高功率密度、高可靠性和智能化、经济性、环境友好等。

思 考 题

1. 液压伺服控制系统的定义。
2. 液压伺服控制系统的优缺点。
3. 液压伺服控制系统的分类。
4. 航空发动机中的液压作动机构有哪些?举例说明一种液压作动器的系统构成及对发动机控制目的及原理。

第2章 液压放大元件

　　液压放大元件也称液压放大器,是一种将输入的微小功率信号如机械信号 (位移、力)、液压信号 (流量、压力) 等,放大成大功率液压信号 (大流量、压力) 进一步输出的元件。航空发动机中的液压放大器大多将阀运动件的直线移动或偏转转换为液压油的压力或流量,既是一种能量转换元件,也是一种功率放大元件。

　　液压放大元件是液压伺服系统中的一种主要控制元件,其静、动态特性对液压伺服系统的性能影响很大。其结构简单、功率密度大、可靠性高且动态性能好,因此在航空发动机燃油与作动系统中的控制阀中有广泛应用。

　　本章主要介绍滑阀、喷嘴挡板阀、射流管阀及射流偏转板阀等几种液压放大元件,这些均在航空发动机中有应用,且性能各异。本章主要介绍它们各自的结构形式、工作原理及静态特性等。

2.1　圆柱滑阀的结构形式

　　滑阀是靠节流原理工作的,其通过阀芯和阀套间的相对运动改变节流口面积的大小,对流体流量或压力进行控制,圆柱滑阀分类的方式有很多种。

2.1.1　按进、出阀的通道数目划分

　　根据进、出阀的通道数目不同,圆柱滑阀可划分为二通阀、三通阀、四通阀 (图 2-1)。二通阀只有一个可变节流口,必须和一个固定节流孔配合使用,才能控制腔内的压力,控制差动液压缸。三通阀与二通阀一样,只有一个控制口。在缸活塞杆一侧腔体中设置固定偏压 (油压或弹簧压力) 后,便可用来控制差动液压缸。四通阀有两个控制口,可用来控制双作用液压缸或液压马达。

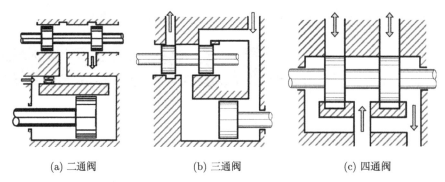

(a) 二通阀   (b) 三通阀   (c) 四通阀

图 2-1   不同进、出阀通道数目的滑阀

2.1.2   按滑阀的工作边数划分

按滑阀的工作边数划分,圆柱滑阀可分为四边滑阀、双边滑阀、单边滑阀 (图 2-2)。其中四边滑阀有四个可控的节流口,控制性能最好。但为了保证工作边开口的准确性,四边滑阀需要考虑三个轴向配合尺寸,工艺精度要求大,成本高。双边滑阀有两个可控的节流口,控制性能次之。单边滑阀只有一个可控节流口,控制性能最差。相比于四边滑阀,单边滑阀工艺简单、成本较低。

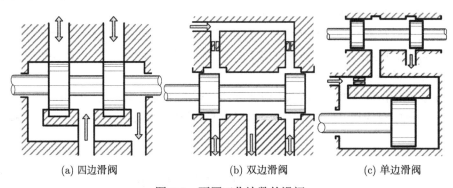

(a) 四边滑阀   (b) 双边滑阀   (c) 单边滑阀

图 2-2   不同工作边的滑阀

2.1.3   按滑阀的预开口形式划分

按滑阀的预开口形式划分,圆柱滑阀可分为正开口、零开口、负开口三种。其中负开口滑阀的阀芯凸台宽度 t 大于阀套上的窗口宽度 h,即 $t > h$,零开口滑阀满足 $t = h$,正开口滑阀则是 $t < h$,如图 2-3 所示。

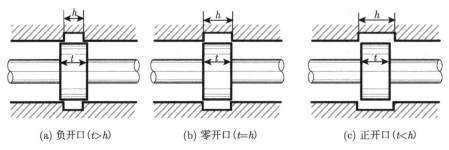

(a) 负开口 $(t>h)$ (b) 零开口 $(t=h)$ (c) 正开口 $(t<h)$

图 2-3   不同预开口形式的滑阀

对于负开口滑阀，在滑阀阀芯产生小位移时存在死区，即图 2-4 中曲线 3 处于原点附近情况。此时由于阀芯凸台宽度大于阀套上的窗口宽度，不能产生空隙使液压油进入油道。当 x_v 不断增大，超过死区后，液压油才能进入油道开始工作。

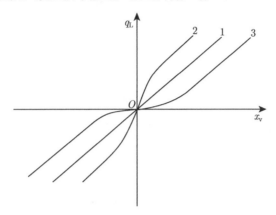

图 2-4　不同开口形式的流量曲线

1. 零开口; 2. 正开口; 3. 负开口

零开口滑阀则是一种理想化的滑阀，由图 2-4 中曲线 1 可知，理想零开口滑阀的阀芯位移与流量呈线性关系，性能较好，应用最广。然而现实中将阀芯凸台宽度与阀套窗口宽度做到精确的一致却需要较高的成本。

正开口滑阀与负开口滑阀相反，当滑芯凸台处于阀套窗口中央位置时，就有流量产生。如图 2-4 中曲线 2 所示。这种特性有利于提高该元件的灵敏度，但同时也浪费了一部分功率，多用于发动机转速调节器中。

2.1.4　按阀套窗口的形状划分

阀套窗口形状有矩形、圆形、三角形等。对于矩形开口，其开口面积与阀芯位移成比例，可获得线性的流量增益 (零开口阀)，使用较多。圆形窗口的工艺性好，但其流量增益是非线性的，通常用于要求不高的场合。

矩形窗口中又可分为全周开口和非全周开口两种。对于非全周开口滑阀，具有水力半径大、阻塞性能好、阀口面积梯度易调节、流量控制范围广等优点。因此液压比例阀、伺服阀和其他大功率液压系统主控制阀多采用非全周开口滑阀结构 (图 2-5)。

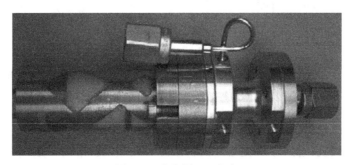

图 2-5　非全周开口滑阀

2.1.5　按阀芯的凸肩数目划分

二凸肩四通阀结构简单、阀芯长度短,但阀芯轴向移动时导向性差;阀芯上的凸肩容易被阀套槽卡住。由于阀芯两端回油流道中流动阻力不同,阀芯两端面所受液压力不等,阀芯处于静不平衡状态。阀采用液压或气动操纵有困难。三凸肩和四凸肩的四通阀导向性好,是常用的结构形式 (图 2-6)。

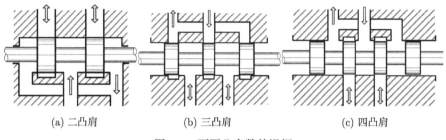

(a) 二凸肩　　　　　　　(b) 三凸肩　　　　　　　(c) 四凸肩

图 2-6　不同凸肩数的滑阀

2.2　滑阀的静态特性

滑阀的静态特性即压力–流量特性,是指系统在稳定状态的情况下,阀的负载流量 q_L、负载压力 p_L 和滑阀位移 x_v 三者之间的关系。其反映了滑阀的工作能力和性能,对液压伺服系统的静、动态分析计算具有重要意义。

2.2.1　滑阀压力–流量方程的一般表达式

四边等效滑阀及其等效的液压桥路图如图 2-7 所示。

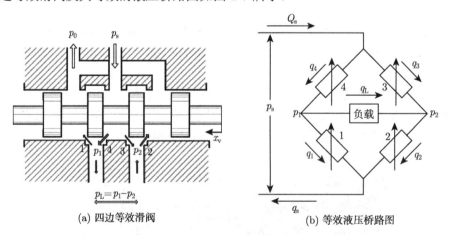

(a) 四边等效滑阀　　　　　　　　　　　　(b) 等效液压桥路图

图 2-7　四边等效滑阀及其等效的液压桥路图

在推导压力–流量方程之前,需要做出如下假设:

(1) 对压力的假设。液压能源是理想的恒压源,供油压力 p_s 为常数。另外假设回油压力 $p_0 = 0$。

(2) 液体是不可压缩性假设。因为考虑稳态情况，液体密度的变化量很小，可以忽略不计。为了方便分析，假定油不可压缩。

(3) 阀各节流口流量系数相等。这里讨论的均为理想滑阀，对理想滑阀来说流量系数相等，即 $C_{d1} = C_{d2} = C_{d3} = C_{d4} = C_d$。

(4) 管道和阀腔内的压力损失忽略不计。因为管道和阀腔内的压力与阀口处的节流损失相比很小，所以忽略不计。

由桥路图，根据压力平衡可得到方程

$$p_1 + p_4 = p_s \tag{2-1}$$

$$p_2 + p_3 = p_s \tag{2-2}$$

$$p_1 - p_2 = p_L \tag{2-3}$$

$$p_3 - p_4 = p_L \tag{2-4}$$

根据桥路的流量平衡可得

$$q_1 + q_2 = q_s \tag{2-5}$$

$$q_3 + q_4 = q_s \tag{2-6}$$

$$q_4 - q_1 = q_L \tag{2-7}$$

$$q_2 - q_3 = q_L \tag{2-8}$$

由流体力学知，各桥臂的流量方程为

$$q_1 = C_{d1} A_1 \sqrt{\frac{2p_1}{\rho}} \tag{2-9}$$

$$q_2 = C_{d2} A_2 \sqrt{\frac{2p_2}{\rho}} \tag{2-10}$$

$$q_3 = C_{d3} A_3 \sqrt{\frac{2p_3}{\rho}} \tag{2-11}$$

$$q_4 = C_{d4} A_4 \sqrt{\frac{2p_4}{\rho}} \tag{2-12}$$

对于一个开口形状为矩形的理想四边滑阀，其开口面积 A_i 与阀芯位移 x_v 呈线性关系。又有各个节流口流量系数 C_{di} 相等，将方程联立，消去中间变量 q_i、p_i，可到负载流量 q_L、负载压力 p_L 和阀芯位移 x_v 的关系。

$$q_L = f(x_v, p_L) \tag{2-13}$$

对于理想开口四边滑阀来说，滑阀的窗口都是匹配和对称的，利用这两个性质可以得出通过桥路斜对角线上两个桥臂的流量是相等的，即

$$q_1 = q_3, \quad q_2 = q_4 \tag{2-14}$$

这个结论可证明如下：如果 $q_1 \neq q_3$，可假设 $q_1 > q_3$，则由 $q_1 + q_2 = q_s$ 与 $q_3 + q_4 = q_s$ 可得 $q_4 > q_2$。设阀芯产生位移 $x_v > 0$，则由图 2-7 可知，p_1、p_4 显然不能同时大于 p_2、p_3，同时也可得到，$p_1 = p_3$，$p_2 = p_4$ 这个结论。

因此可得

$$p_s = p_1 + p_2 \tag{2-15}$$

$$p_1 = \frac{p_s + p_L}{2} \tag{2-16}$$

$$p_2 = \frac{p_s - p_L}{2} \tag{2-17}$$

将式 (2-15)～式 (2-17) 联立得，负载流量方程为

$$q_L = C_d A_2 \sqrt{\frac{1}{\rho}(p_s - p_L)} - C_d A_1 \sqrt{\frac{1}{\rho}(p_s + p_L)} \tag{2-18}$$

供油流量方程为

$$q_s = C_d A_2 \sqrt{\frac{1}{\rho}(p_s - p_L)} + C_d A_1 \sqrt{\frac{1}{\rho}(p_s + p_L)} \tag{2-19}$$

2.2.2　滑阀的静态特性曲线

1. 流量特性曲线

滑阀的流量特性是指负载压降 p_L 等于常数时，负载流量 q_L 与阀芯位移 x_v 之间的关系。特别地，当 $p_L = 0$ 时的曲线叫作空载流量特性曲线，如图 2-8 所示。

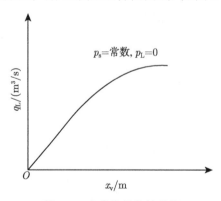

图 2-8　空载流量特性曲线

2. 压力特性曲线

滑阀的压力特性是指负载流量等于常数时，负载压降与阀芯位移之间的关系。通常所指的压力特性是指负载流量 $q_L = 0$ 时的压力曲线，如图 2-9 所示。

滑阀的压力–流量特性曲线是指阀芯位移 x_v 一定时，负载流量 q_L 与负载压降 p_L 之间关系的图形描述。压力–流量曲线族 (图 2-11 和图 2-16) 则全面描述了滑阀的稳态性能。滑阀在最大位移下的压力–流量特性曲线可以表示滑阀的工作能力和规格，当负载所需要的压

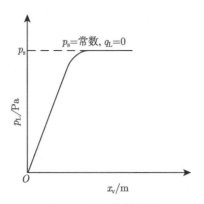

图 2-9　压力特性曲线

力和流量能够被滑阀在最大位移时的压力–流量特性曲线所包围时,滑阀就能满足负载的要求。由压力–流量特性曲线族可以获得滑阀的全部性能参数。

2.2.3　滑阀的线性化分析和滑阀的系数

由之前的分析看出,滑阀的压力–流量方程是非线性的。为了利用线性化理论对方程进行动态分析,必须将上述方程线性化。对方程

$$q_{\mathrm{L}} = C_{\mathrm{d}} A_2 \sqrt{\frac{1}{\rho}(p_{\mathrm{s}} - p_{\mathrm{L}})} - C_{\mathrm{d}} A_1 \sqrt{\frac{1}{\rho}(p_{\mathrm{s}} + p_{\mathrm{L}})} \tag{2-20}$$

在工作点 $q_{\mathrm{L}} = f(x_{\mathrm{v}A}, p_{LA})$ 进行泰勒级数展开,得

$$q_{\mathrm{L}} = q_{\mathrm{L}A} + \left.\frac{\partial q_{\mathrm{L}}}{\partial x_{\mathrm{v}}}\right|_A \Delta x_{\mathrm{v}} + \left.\frac{\partial q_{\mathrm{L}}}{\partial p_{\mathrm{L}}}\right|_A \Delta p_{\mathrm{L}} + \cdots \tag{2-21}$$

忽略高阶无穷小项,移项整理得

$$q_{\mathrm{L}} - q_{\mathrm{L}A} = \Delta q_{\mathrm{L}} = \left.\frac{\partial q_{\mathrm{L}}}{\partial x_{\mathrm{v}}}\right|_A \Delta x_{\mathrm{v}} + \left.\frac{\partial q_{\mathrm{L}}}{\partial p_{\mathrm{L}}}\right|_A \Delta p_{\mathrm{L}} \tag{2-22}$$

式 (2-22) 就是滑阀的压力–流量方程以增量形式表示的线性化表达式。在式 (2-22) 中,定义流量增益 $K_{\mathrm{q}} = \dfrac{\partial q_{\mathrm{L}}}{\partial x_{\mathrm{v}}}$,从方程中看出流量增益 K_{q} 为流量特性曲线在某一点的切线斜率。其物理意义为负载压降一定时,单位阀输入位移所引起的负载流量变化的大小。流量增益直接影响系统的开环放大系数,因而对系统的稳定性、响应特性和稳态误差有直接的影响。

除了流量增益 K_{q} 以外,定义流量–压力系数为 $K_{\mathrm{c}} = -\dfrac{\partial q_{\mathrm{L}}}{\partial p_{\mathrm{L}}}$。与流量增益 K_{q} 类似,K_{c} 表示阀开度一定时负载压降变化所引起的负载流量变化大小。对于任何结构形式的滑阀来说,$\dfrac{\partial q_{\mathrm{L}}}{\partial p_{\mathrm{L}}}$ 都是负的,加上负号之后使得 K_{c} 为正值。K_{c} 值小,滑阀抵抗负载变化的能力大,即滑阀的刚度大。从动态的观点看,K_{c} 是系统中的一种阻尼,因为系统振动加剧,负载压力的增大使滑阀输给系统的流量减少,这有助于系统振动的衰减。

同时,定义压力增益 $K_{\mathrm{p}} = \dfrac{\partial p_{\mathrm{L}}}{\partial x_{\mathrm{v}}} = -\dfrac{\partial q_{\mathrm{L}}/\partial x_{\mathrm{v}}}{\partial q_{\mathrm{L}}/\partial p_{\mathrm{L}}} = \dfrac{K_{\mathrm{q}}}{K_{\mathrm{c}}}$,$K_{\mathrm{p}}$ 是压力特性曲线的切线斜率。

通常，压力增益是指负载流量 $q_L=0$ 时滑阀单位输入位移所引起的负载压力变化的大小。K_p 越大，滑阀对负载压力的控制灵敏度越高。

由偏导数的性质可知，滑阀的三个系数之间的关系为 $K_p = \dfrac{K_q}{K_c}$。

定义完上述参数，滑阀的压力–流量方程可化为

$$\Delta q_L = K_q \Delta x_v - K_c \Delta p_L \tag{2-23}$$

三个阀系数是表示阀静态特性的三个性能参数。这些系数在分析系统的稳定性、响应特性及稳态误差时非常重要。流量增益直接影响系统的开环增益，继而对系统稳定性、响应特性和稳态误差均有直接影响。流量 - 压力系数直接影响阀控执行元件 (液压动力元件) 的阻尼比和速度刚度。压力增益标志着阀控执行元件组合起动大惯量或大摩擦力负载的能力。

阀的系数值随阀的工作点而改变。在 $q_L = p_L = x_v = 0$ 处，流量增益最大，系统开环增益最高，流量–压力系数最小，故系统若在这一点取得稳定则在其他工作点也稳定。特别地，命名在原点附近的阀系数称为零位阀系数，分别以 K_{q0}、K_{c0}、K_{p0} 表示。

2.3　零开口四边滑阀的静态特性

理想的零开口四边滑阀是指径向间隙为零、工作边锐利的滑阀。讨论理想滑阀的静态特性可以不考虑径向间隙和工作边圆角的影响，因此滑阀的开口面积和阀芯位移的关系比较容易确定。理想滑阀的压力–流量方程可以用解析的方法求得。

2.3.1　理想零开口四边滑阀的静态特性

1. 理想零开口四边滑阀的压力–流量方程

理想零开口四边滑阀及其等效的液压桥路如图 2-10 所示。其液压桥路与图 2-7 是一样的。假设理想零开口四边滑阀是匹配对称的，因此可以直接利用 2.2 节的分析结果得出理想零开口四边滑阀的压力–流量方程。

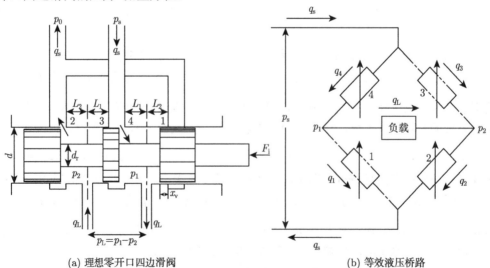

(a) 理想零开口四边滑阀　　　　　　　　　　(b) 等效液压桥路

图 2-10　理想零开口四边滑阀及其等效液压桥路

假设一开始，阀芯处于阀套的中间位置时，四个控制节流口全部关闭。设当阀芯左移 x_{v} 时，阀芯位移为正，即左移 $x_{\mathrm{v}}>0$，此时由之前的结论得

$$q_{\mathrm{L}} = C_{\mathrm{d}} A_2 \sqrt{\frac{p_{\mathrm{s}} - p_{\mathrm{L}}}{\rho}} \tag{2-24}$$

同理，阀芯右移时有

$$q_{\mathrm{L}} = -C_{\mathrm{d}} A_1 \sqrt{\frac{p_{\mathrm{s}} - p_{\mathrm{L}}}{\rho}} \tag{2-25}$$

由于滑阀对称且匹配，则

$$A_2(x_{\mathrm{v}}) = A_1(-x_{\mathrm{v}}) \tag{2-26}$$

将两式合并，得

$$q_{\mathrm{L}} = C_{\mathrm{d}} |A_2| \frac{x_{\mathrm{v}}}{|x_{\mathrm{v}}|} \sqrt{\frac{1}{\rho}\left(p_{\mathrm{s}} - \frac{x_{\mathrm{v}}}{|x_{\mathrm{v}}|} p_{\mathrm{L}}\right)} \tag{2-27}$$

这是具有匹配且对称的节流阀口理想开口四边滑阀的压力–流量特性方程。若节流阀口为矩形，其面积梯度为 W，则 $A_2 = W x_{\mathrm{v}}$，代入式 (2-27) 得

$$q_{\mathrm{L}} = C_{\mathrm{d}} W x_{\mathrm{v}} \sqrt{\frac{1}{\rho}\left(p_{\mathrm{s}} - \frac{x_{\mathrm{v}}}{|x_{\mathrm{v}}|} p_{\mathrm{L}}\right)} \tag{2-28}$$

为了方便研究，将两式相除，化为无量纲式，得

$$\overline{q}_{\mathrm{L}} = \overline{x}_{\mathrm{v}} \sqrt{1 - \frac{x_{\mathrm{v}}}{|x_{\mathrm{v}}|}\overline{p}_{\mathrm{L}}} \tag{2-29}$$

式中，$\overline{x}_{\mathrm{v}}$——无量纲阀芯位移，$\overline{x}_{\mathrm{v}} = x_{\mathrm{v}}/x_{\mathrm{vmax}}$；

$\overline{p}_{\mathrm{L}}$——无量纲负载压力，$\overline{p}_{\mathrm{L}} = p_{\mathrm{L}}/p_{\mathrm{s}}$；

$\overline{q}_{\mathrm{L}}$——无量纲负载流量，$\overline{q}_{\mathrm{L}} = q_{\mathrm{L}}/q_{0\max}$，（$q_{0\max} = C_{\mathrm{d}} W x_{\mathrm{vmax}} \sqrt{p_{\mathrm{s}}/\rho}$，为阀的最大空载流量）。

无量纲压力–流量曲线如图 2-11 所示。图像关于原点中心对称，与之前滑阀对称且匹配的假设相同。图中的 Ⅰ、Ⅲ 象限是马达工况区，Ⅱ、Ⅳ 象限是泵工况区，只有在瞬态过程中才有可能出现。例如，x_{v} 突然减小，液压缸对负载进行制动时，负载压力突然改变符号，但是由于液流和负载惯性的影响，在一定的时间内，负载和液流仍保持原来的运动方向。

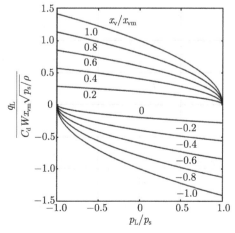

图 2-11　理想零开口四边滑阀压力–流量曲线

2. 理想零开口四边滑阀的阀系数

理想零开口四边滑阀的阀系数可由式 (2-38) 求得。

流量增益

$$K_q = \frac{\partial q_L}{\partial x_v} = C_d W \sqrt{\frac{1}{\rho}(p_s - p_L)} \qquad (2\text{-}30)$$

流量–压力系数

$$K_c = -\frac{\partial q_L}{\partial p_L} = \frac{C_d W x_v \sqrt{\frac{1}{\rho}(p_s - p_L)}}{2(p_s - p_L)} \qquad (2\text{-}31)$$

压力增益

$$K_p = \frac{\partial p_L}{\partial x_v} = \frac{K_q}{K_c} = \frac{2(p_s - p_L)}{x_v} \qquad (2\text{-}32)$$

当理想零开口四边滑阀处于零位 ($q_L = x_v = p_L = 0$) 时，

$$K_{q0} = C_d W \sqrt{\frac{1}{\rho}p_s} \qquad (2\text{-}33)$$

$$K_{p0} = \left.\frac{\partial p_L}{\partial x_v}\right|_0 = \left.\frac{2p_s}{x_v}\right|_{x_v=0} = \infty \qquad (2\text{-}34)$$

$$K_{c0} = \left.-\frac{\partial q_L}{\partial p_L}\right|_0 = \left.\frac{C_d W x_v \sqrt{\frac{1}{\rho}p_s}}{2p_s}\right|_{x_v=0} = 0 \qquad (2\text{-}35)$$

由式 (2-33) 可以看出，理想零开口四边滑阀的零位流量增益决定于供油压力 p_s 和面积梯度 W，当 p_s 一定时，唯一由面积梯度 W 所决定，因此 W 是这种滑阀的最重要的参数。由于 p_s 和 W 是很容易控制的量，因而零位流量增益也比较容易计算和控制。零位流量增益直接影响系统的稳定性，由于 K_{q0} 值容易计算和控制，因此可使液压伺服系统具有可靠的稳定性。按式 (2-33) 计算出的 K_{q0} 值与实际零开口四边滑阀的零位流量增益值比较一致。但由式 (2-34) 和式 (2-45) 计算出的 K_{c0} 和 K_{p0} 值与实际零开口四边滑阀的实验值相差很大，原因是没有考虑阀芯与阀套之间径向间隙的影响，而实际零开口四边滑阀存在泄漏流量。

2.3.2　实际零开口四边滑阀的静态特性

理想零开口四边滑阀由于加工精度的原因很难达到。实际的零开口四边滑阀往往还有很小的正或负的重叠量，同时阀口工作边也不可避免地存在小圆角。因此，阀芯在阀套中间位置某个微小位移上，阀的泄漏不可忽略。在这附近处的压力与流量的关系往往通过在负载通道和供油口分别接上压力表，在回油口接流量计或量杯的方法确定。

1. 压力特性曲线

在供油压力 p_s 一定时，改变阀的位移 x_v，测出相应的负载压力 p_L，根据测得的结果可作出压力特性曲线，如图 2-12 所示。该曲线在原点处的切线斜率就是阀的零位压力增益。由图看出，阀芯只要有一个很小的位移 x_v，负载压力 p_L 很快就增加到了供油压力 p_s，说明这种阀的零位压力增益是很高的。

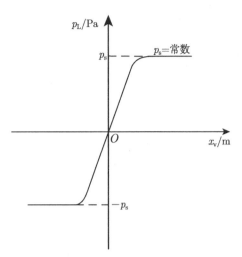

图 2-12　切断负载时的压力特性曲线

2. 泄漏流量曲线

在供油压力 p_s 一定时，改变阀芯的位移 x_v，测出泄漏流量 q_1，可得泄漏流量曲线，如图 2-13 所示。由该曲线可以看出，阀芯在零位时的泄漏流量 q_c 最大，因为此时阀的密封长度最短，随着阀芯位移回油密封长度增大，泄漏流量急剧减小。泄漏流量曲线可用来度量阀芯在零位时的液压功率损失大小。

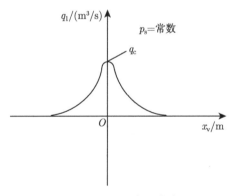

图 2-13　泄漏流量曲线

3. 中位泄漏流量曲线

如果使阀芯处于阀套的中间位置不动，改变供油压力 p_s，测量出相应的泄漏流量 q_c，可得中位泄漏流量曲线，如图 2-14 所示。

中位泄漏流量曲线除了可用来判断阀的加工配合质量，还可用来确定阀的零位流量-压力系数。可得

$$\frac{\partial q_s}{\partial p_s} = -\frac{\partial q_L}{\partial p_L} = K_c \tag{2-36}$$

这个结果对任何一个匹配对称的阀都是适用的。在切断负载时，泄漏流量 q_1 就是供油流量 q_s，因为中位泄漏流量曲线是在 $(q_L = p_L = x_v = 0)$ 的情况下测出的，由式 (2-36) 可知，在特

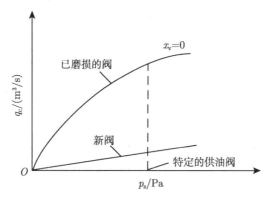

图 2-14   中位泄漏流量曲线

定供油压力下的中位泄漏流量曲线的切线斜率即阀在该供油压力下的零位流量–压力系数。

上面介绍了用实验方法来测定阀的零位压力增益和零位流量–压力系数。下面利用式 (2-36) 的关系给出实际零开口四边滑阀 K_{c0} 和 K_{p0} 的计算公式。

由图 2-14 可以看出,新阀的零位泄漏流量小,且流动为层流型的,已磨损的旧阀 (阀口节流边被液流冲蚀) 的中位泄漏流量大,且流动为紊流型的。阀磨损后在特定的供油压力下的中位泄漏流量虽然急剧增加,但曲线斜率增加却不大,即流量–压力系数变化不大 (2~3 倍)。因此可按新阀状态来计算阀的流量–压力系数。

层流状态液体通过锐边小缝隙的流量公式为

$$q = \frac{\pi r_{\mathrm{c}}^2 W}{32\mu}\Delta p_{\mathrm{s}} \tag{2-37}$$

式中,r_{c}——阀芯与阀套间的径向间隙;

W——阀的面积梯度;

μ——油液的动力黏度;

Δp_{s}——节流口两边的压力差。

阀的零位泄漏流量为两个窗口 (图 2-10(b) 中的 3、4 两个窗口) 泄漏流量之和。零位时每个窗口的压降为 $p_{\mathrm{s}}/2$,泄漏流量为 $q_{\mathrm{c}}/2$。在层流状态下,零位泄漏流量为

$$q_{\mathrm{c}} = q_{\mathrm{s}} = \frac{\pi r_{\mathrm{c}}^2 W}{32\mu}p_{\mathrm{s}} \tag{2-38}$$

由式 (2-36) 和式 (2-38) 可求得实际零开口四边滑阀的零位流量–压力系数为

$$K_{c0} = \frac{\partial q_{\mathrm{c}}}{\partial p_{\mathrm{s}}} = \frac{\pi r_{\mathrm{c}}^2 W}{32\mu} \tag{2-39}$$

实际零位压力增益为

$$K_{p0} = \frac{32\mu C_{\mathrm{d}}\sqrt{p_{\mathrm{s}}/\rho}}{\pi r_{\mathrm{c}}^2} \tag{2-40}$$

式 (2-40) 表明,实际零开口阀的零位压力增益主要取决于阀的径向间隙值,而与阀的面积梯度无关。实际零开口四边滑阀的零位压力增益可以达到很大的数值。

式 (2-39) 和式 (2-40) 只是近似计算公式,但实验研究证明,由此得到的计算值与实验值是比较吻合的。

2.4　正开口四边滑阀的静态特性

图 2-15 是正开口四边滑阀的结构图，当阀套处在阀芯的中间位置时，四个节流窗口有相同的正开口量 U，并规定阀是在正开口的范围内工作，即 $|x_v| \leqslant U$。假设阀是对称匹配的，当阀芯按图示方向位移 x_v 时，则有

$$A_1 = A_3 = W(U - x_v) \tag{2-41}$$

$$A_2 = A_4 = W(U + x_v) \tag{2-42}$$

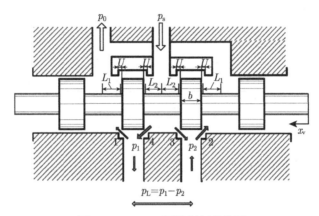

图 2-15　正开口四边滑阀结构图

将式 (2-41) 和式 (2-42) 代入式 (2-18)，可得正开口四边滑阀的压力–流量特性方程

$$q_L = C_d W(U + x_v)\sqrt{\frac{1}{\rho}(p_s - p_L)} - C_d W(U - x_v)\sqrt{\frac{1}{\rho}(p_s + p_L)} \tag{2-43}$$

将式 (2-43) 除以 $C_d W U \sqrt{\dfrac{p_s}{\rho}}$ 得到无量纲的压力–流量方程

$$\frac{q_L}{C_d W U \sqrt{\dfrac{p_s}{\rho}}} = \left(1 + \frac{x_v}{U}\right)\sqrt{1 - \frac{p_L}{p_s}} - \left(1 - \frac{x_v}{U}\right)\sqrt{1 + \frac{p_L}{p_s}} \tag{2-44}$$

$$\bar{q}_L = (1 + \bar{x}_v)\sqrt{1 - \bar{p}_L} - (1 - \bar{x}_v)\sqrt{1 + \bar{p}_L} \tag{2-45}$$

式中，$\bar{q}_L$——无量纲负载流量，$\bar{q}_L = \dfrac{q_L}{C_d W U \sqrt{\dfrac{p_s}{\rho}}}$；

$\bar{p}_L$——无量纲负载压力，$\bar{p}_L = p_L/p_s$；

$\bar{x}_v$——无量纲阀芯位移，$\bar{x}_v = x_v/U$。

无量纲压力–流量曲线如图 2-16 所示，这些曲线的线性度比零开口四边滑阀要好得多。正开口四边滑阀是比较理想的线性元件，这是四个桥臂高度对称的结果。在正开口区域以外，由于同一时刻只有两个节流窗口起控制作用，其压力–流量特性和零开口四边滑阀是一样的。

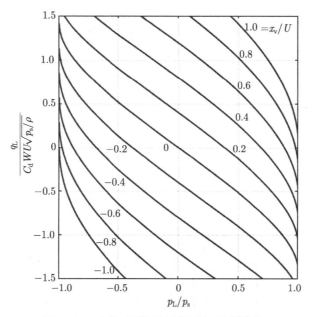

图 2-16　正开口四边滑阀的压力–流量曲线

正开口四边滑阀的零位系数可通过对式 (2-43) 微分，并在 $q_{\mathrm{L}} = p_{\mathrm{L}} = x_{\mathrm{v}} = 0$ 处取导数值得到，即

$$K_{\mathrm{q0}} = 2C_{\mathrm{d}}W\sqrt{\frac{p_{\mathrm{s}}}{\rho}} \tag{2-46}$$

$$K_{\mathrm{c0}} = \frac{C_{\mathrm{d}}WU\sqrt{\dfrac{p_{\mathrm{s}}}{\rho}}}{p_{\mathrm{s}}} \tag{2-47}$$

$$K_{\mathrm{p0}} = \frac{2p_{\mathrm{s}}}{U} \tag{2-48}$$

从式 (2-46)∼ 式 (2-48) 可以看出，正开口四边滑阀的 K_{q0} 值是零开口四边滑阀的 2 倍，这是因为负载流量同时受到两个节流窗口控制，而且它们是差动变化的。正开口四边滑阀可以提高零位流量增益并改善压力–流量曲线的线性度。K_{c0} 取决于面积梯度，而 K_{p0} 与面积梯度无关，这也说明式 (2-39) 和式 (2-40) 的结论是正确的，因为在零位附近，实际零开口四边滑阀接近于正开口四边滑阀。

正开口四边滑阀零位泄漏流量为 3.4 窗口泄漏流量之和，即

$$q_{\mathrm{c}} = 2C_{\mathrm{d}}WU\sqrt{\frac{p_{\mathrm{s}}}{\rho}} \tag{2-49}$$

这种阀由于零位泄漏流量比较大，所以不适合于大功率控制的场合。

正开口四边滑阀的 K_{q0} 和 K_{c0} 也可用零位泄漏流量表示，即

$$K_{\mathrm{q0}} = \frac{q_{\mathrm{c}}}{U} \tag{2-50}$$

$$K_{\mathrm{c0}} = \frac{q_{\mathrm{c}}}{2p_{\mathrm{s}}} \tag{2-51}$$

在实际应用中,有时采用部分正开口阀,即把正开口量规定为阀的最大行程的一部分,以便增加阻尼作用。但这要使压力增益降低和零位泄漏流量增大,而且这种阀的流量增益是非线性的。

2.5　滑阀受力分析

操纵滑阀阀芯运动需要克服各种阻力,包括阀芯惯性力、阀芯与阀套间的摩擦力、液动力、弹性力和任意外负载力。阀芯运动阻力大小是设计滑阀操纵元件的主要依据,因此需要对滑阀的受力进行分析、计算。这里主要分析、计算滑阀阀芯所受的液动力。

2.5.1　作用在阀芯上的液动力

液流流经滑阀时,液流速度的大小和方向发生变化,其动量变化对阀芯产生一个反作用力,即作用在阀芯上的液动力,如图 2-17 所示。液动力分为稳态液动力和瞬态液动力。稳态液动力与阀芯开口量成正比,瞬态液动力与阀芯开口量的变化率成正比。

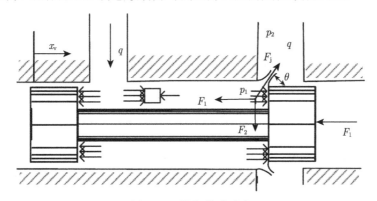

图 2-17　滑阀的液动力

1. 稳态液动力

1) 稳态液动力计算公式

稳态液动力是指在阀口开度一定时的稳定流动情况下,液流对阀芯的作用力。根据动量定理可求得稳态轴向液动力的大小为

$$F_{\mathrm{s}} = F_1 = \rho q v \cos \theta \tag{2-52}$$

由伯努利方程可求得阀口射流量最小断面处的流速为

$$v = C_{\mathrm{v}} \sqrt{\frac{2}{\rho} \Delta p} \tag{2-53}$$

式中,C_{v}——速度系数,一般取 C_{v}=0.95~98;

　　Δp——阀口压差,$\Delta p = p_1 - p_2$。

通过理想阀口的流量为

$$q = C_{\mathrm{d}} W x_{\mathrm{v}} \sqrt{\frac{2 \Delta p}{\rho}} \tag{2-54}$$

将式 (2-53) 和式 (2-54) 代入式 (2-52) 得, 稳态液动力为

$$F_s = 2C_v C_d W x_v \Delta p \cos \theta = K_f x_v \tag{2-55}$$

式中, K_f——稳态液动力刚度, $K_f = 2C_v C_d W \Delta p \cos \theta$。

对理想滑阀, 射流角 $\theta = 69°$。取 $C_v = 0.98, C_d = 0.61$, $\cos 69° = 0.358$, 则稳态液动力为

$$F_s = 0.43 W \Delta p x_v = K_f x_v \tag{2-56}$$

式 (2-56) 即常用的稳态液动力计算公式。

对于所讨论的滑阀来说, 由于射流角 θ 总是小于 $90°$, 所以稳态液动力的方向总是指向使阀口关闭的方向。在阀口压差 Δp 恒定时, 其大小与阀的开口量成正比。因此它的作用与阀的对中弹簧作用相似, 是由液体流动所引起的一种弹性力。

实际滑阀的稳态液动力受径向间隙和工作边圆角的影响。径向间隙和工作边圆角使阀口过流面积增大。射流角减小, 从而使稳态液动力增大, 特别是在小开口时更为显著, 使稳态液动力与阀的开口量之间呈非线性。

2) 零开口四边滑阀的稳态液动力

参看图 2-10, 零开口四边滑阀在工作时, 有两个串联的窗口同时起作用, 每个阀口的压降 $\Delta p = \dfrac{p_s - p_L}{2}$, 所以其稳态液动力为

$$F_s = 0.43 W (p_s - p_L) x_v = K_f x_v \tag{2-57}$$

式中, K_f——稳态液动力刚度, $K_f = 0.43 W (p_s - p_L)$。

应当注意, 稳态液动力是随着负载压力 p_L 的变化而变化的, 在空载 $(p_L=0)$ 时达到最大值, 其值为

$$F_{s0} = 0.43 W p_s x_v = K_{f0} x_v \tag{2-58}$$

式中, K_{f0}——空载液动力刚度, $K_{f0} = 0.43 W p_s$。

由式 (2-57) 可知, 只有当负载压力 p_L 为常数时, 稳态液动力才与阀的开口量 x_v 成比例关系。当负载压力变化时, 稳态液动力将呈现出非线性。

稳态液动力一般都很大, 它是阀芯运动阻力中的主要部分。

3) 正开口四边滑阀的稳态液动力

参看图 2-7, 正开口四边滑阀有四个节流口同时工作, 总液动力等于四个节流口所产生的液动力之和。在图 2-7 中, 规定阀芯向左位移为正, 并规定与此方向相反的液动力为正, 反之为负。则总的稳态液动力为

$$F_s = 0.43 [A_4 (p_s - p_1) + A_2 p_2 - A_1 p_1 - A_3 (p_s - p_2)] \tag{2-59}$$

假设阀是匹配和对称的, 则有

$$A_1 = A_3 = W (U - x_v) \tag{2-60}$$

$$A_2 = A_4 = W (U + x_v) \tag{2-61}$$

可得稳态液动力为

$$F_s = 0.86W(p_s x_v - p_L U) \tag{2-62}$$

空载 ($p_L = 0$) 时的稳态液动力为

$$F_{s0} = 0.86W p_s x_v \tag{2-63}$$

从式 (2-63) 可以看出，正开口四边滑阀的空载稳态液动力是零开口四边滑阀的 2 倍。

2. 瞬态液动力

1) 瞬态液动力公式

参看图 2-17，阀芯运动过程中，阀开口量变化使通过阀口的流量发生变化，引起阀腔内液流速度随时间变化，其动量变化对阀芯产生的反作用力就是瞬态液动力，其大小为

$$F_t = \frac{\mathrm{d}(mv)}{\mathrm{d}t} \tag{2-64}$$

式中，m——阀腔中的液体质量；

v——阀腔中的液体流速。

假定流体是不可压缩的，则阀腔中的液体质量 m 是常数，所以

$$F_t = m\frac{\mathrm{d}v}{\mathrm{d}t} = \rho L A_v \frac{\mathrm{d}v}{\mathrm{d}t} = \rho L \frac{\mathrm{d}q}{\mathrm{d}t} \tag{2-65}$$

式中，A_v——阀腔过流断面面积；

L——液流在阀腔内的实际流程长度。

对阀口流量公式求导代入式 (2-65)，忽略压力变化率的微小影响，可得瞬态液动力为

$$F_t = C_d W L \sqrt{2\rho\Delta p}\frac{\mathrm{d}x_v}{\mathrm{d}t} = B_f \frac{\mathrm{d}x_v}{\mathrm{d}t} \tag{2-66}$$

式中，B_f—— 阻尼系数，$B_f = C_d W L \sqrt{2\rho\Delta p}$。

式 (2-66) 表明，瞬态液动力与阀芯移动速度成正比，起黏性阻尼作用。阻尼系数 B_f 与长度 L 有关，称长度 L 为阻尼长度。瞬态液动力的方向始终与阀腔内液体的加速度方向相反，据此可以判断瞬态液动力的方向。若瞬态液动力方向与阀芯移动方向相反，则起正阻尼的作用，阻尼系数 $B_f > 0$，阻尼长度 L 为正，如图 2-18(a) 所示。如果瞬态液动力方向与阀芯运动方向相同，则起负阻尼作用，阻尼系数 $B_f < 0$，阻尼长度 L 为负，如图 2-18(b) 所示。

2) 零开口四边滑阀的瞬态液动力

参看图 2-10。L_2 是正阻尼长度，L_1 是负阻尼长度，阀口压差 $\Delta p = \dfrac{p_s - p_L}{2}$，利用式 (2-66) 可求得零开口四边滑阀的总瞬态液动力为

$$F_t = C_d W (L_2 - L_1)\sqrt{\rho(p_s - p_L)}\frac{\mathrm{d}x_v}{\mathrm{d}t} = B_f \frac{\mathrm{d}x_v}{\mathrm{d}t} \tag{2-67}$$

式中，B_f——阻尼系数，$B_f = C_d W (L_2 - L_1)\sqrt{\rho(p_s - p_L)}$。

当 $L_2 > L_1$ 时，$B_f > 0$，是正阻尼；当 $L_2 < L_1$ 时，$B_f < 0$，是负阻尼。负阻尼对阀工作的稳定性不利，为保证阀的稳定性，应保证 $L_2 > L_1$，实际上是一个通路位置的布置问题。瞬态液动力的数值一般都很小，因此不可能利用它作为阻尼源。

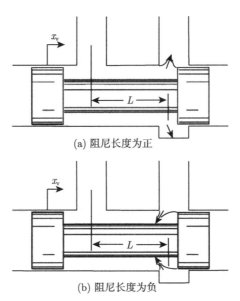

(a) 阻尼长度为正

(b) 阻尼长度为负

图 2-18 滑阀的阻尼长度

3) 正开口四边滑阀的瞬态液动力

参看图 2-7，L_2 是正阻尼长度，L_1 是负阻尼长度，利用式 (2-66) 分别求出四个节流阀口的瞬态液动力，将它们相加得到阀的总瞬态液动力为

$$F_{\mathrm{t}} = C_{\mathrm{d}}WL_2\sqrt{2\rho(p_{\mathrm{s}}-p_1)}\frac{\mathrm{d}x_{\mathrm{v}}}{\mathrm{d}t} + C_{\mathrm{d}}WL_2\sqrt{2\rho(p_{\mathrm{s}}-p_2)}\frac{\mathrm{d}x_{\mathrm{v}}}{\mathrm{d}t} \\ -C_{\mathrm{d}}WL_1\sqrt{2\rho p_2}\frac{\mathrm{d}x_{\mathrm{v}}}{\mathrm{d}t} - C_{\mathrm{d}}WL_1\sqrt{2\rho p_1}\frac{\mathrm{d}x_{\mathrm{v}}}{\mathrm{d}t} \tag{2-68}$$

将 $p_1 = \dfrac{p_{\mathrm{s}}+p_{\mathrm{L}}}{2}$，$p_2 = \dfrac{p_{\mathrm{s}}-p_{\mathrm{L}}}{2}$ 代入式 (2-68) 并整理得

$$F_{\mathrm{t}} = C_{\mathrm{d}}W(L_2-L_1)\sqrt{\rho}\left(\sqrt{p_{\mathrm{s}}-p_{\mathrm{L}}}+\sqrt{p_{\mathrm{s}}+p_{\mathrm{L}}}\right)\frac{\mathrm{d}x_{\mathrm{v}}}{\mathrm{d}t} = B_{\mathrm{f}}\frac{\mathrm{d}x_{\mathrm{v}}}{\mathrm{d}t} \tag{2-69}$$

式中，$B_{\mathrm{f}} = C_{\mathrm{d}}W(L_2-L_1)\sqrt{\rho}\left(\sqrt{p_{\mathrm{s}}-p_{\mathrm{L}}}+\sqrt{p_{\mathrm{s}}+p_{\mathrm{L}}}\right)$。

空载时，$B_{\mathrm{f}} = 2C_{\mathrm{d}}W(L_2-L_1)\sqrt{\rho p_{\mathrm{s}}}$，它是零开口四边滑阀的 2 倍。

2.5.2 滑阀的驱动力

根据阀芯运动时的力平衡方程，可得阀芯运动时的总驱动力

$$F_{\mathrm{i}} = m_{\mathrm{v}}\frac{\mathrm{d}^2x_{\mathrm{v}}}{\mathrm{d}t^2} + (B_{\mathrm{v}}+B_{\mathrm{f}})\frac{\mathrm{d}x_{\mathrm{v}}}{\mathrm{d}t} + K_{\mathrm{f}}x_{\mathrm{v}} + F_{\mathrm{L}} \tag{2-70}$$

式中，F_{i}——总驱动力；

m_{v}——阀芯及阀腔油液质量；

B_{v}——阀芯与阀套间的黏性阻尼系数；

B_{f}——瞬态液动力阻尼系数 (仅在频响较高的伺服阀动态特性分析时加以考虑)；

K_{f}——稳态液动力刚度；

F_{L}——任意负载力。

在实际计算中, 还必须考虑阀的驱动装置 (如力矩马达) 运动部分的质量、阻尼和弹簧刚度的影响, 并对质量、阻尼和弹簧刚度作相应的折算。在许多情况下, 阀芯驱动装置的上述系数可能比阀本身的系数还要大。另外, 驱动装置还必须有足够大的驱动力储备, 这样才有能力去除可能滞留在节流口窗口处的脏物颗粒。

单边滑阀和双边滑阀一般多用于机液伺服系统中, 操纵阀芯运动的机械力比较大, 驱动阀芯运动不会有什么问题。有关这些阀的驱动力不再讨论。

2.6　滑阀的功率输出及效率

在液压伺服系统中, 滑阀经常作为功率放大元件使用, 从经济指标出发应该研究其输出功率和效率。但在伺服系统中, 效率问题相对来说是比较次要的, 尤其对于中、小功率的伺服系统来说。因为在液压伺服系统中, 效率是随负载变化而变化的, 而负载并非恒定, 因此系统效率不可能经常保持在最高值。另外, 作为控制系统, 系统的稳定性、响应速度和精度等指标往往比效率更重要。为了保证这些指标, 不得不经常牺牲一部分效率指标。

下面研究零开口四边滑阀的输出功率和效率问题。设液压泵的供油压力为 p_s, 阀的负载压力为 p_L, 负载流量为 q_L, 则阀的输出功率为

$$\begin{aligned} N_\mathrm{L} = p_\mathrm{L} q_\mathrm{L} &= p_\mathrm{L} C_\mathrm{d} W x_\mathrm{v} \sqrt{\frac{1}{\rho}(p_\mathrm{s} - p_\mathrm{L})} \\ &= C_\mathrm{d} W x_\mathrm{v} \sqrt{\frac{p_\mathrm{s}}{\rho}} p_\mathrm{s} \frac{p_\mathrm{L}}{p_\mathrm{s}} \sqrt{1 - \frac{p_\mathrm{L}}{p_\mathrm{s}}} \end{aligned} \tag{2-71}$$

或

$$\frac{N_\mathrm{L}}{C_\mathrm{d} W x_\mathrm{v} \sqrt{\frac{p_\mathrm{s}}{\rho}} p_\mathrm{s}} = \frac{p_\mathrm{L}}{p_\mathrm{s}} \sqrt{1 - \frac{p_\mathrm{L}}{p_\mathrm{s}}} \tag{2-72}$$

其无量纲曲线如图 2-19 所示。

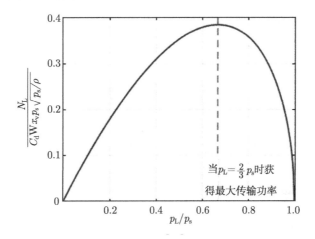

图 2-19　输出功率随负载压力变化曲线

由图可知，当负载压力 $p_L=0$ 时，输出功率 $N_L=0$；$p_L=p_s$ 时，$N_L=0$。将上式对 p_L 求导，并使之为零，得到输出功率最大时的负载压力 $p_L=\dfrac{2}{3}p_s$，此时阀在最大开度 x_{vmax} 时，最大输出功率为

$$N_{Lmax}=\frac{2}{3\sqrt{3}}C_dWx_{v0}\sqrt{\frac{1}{\rho}p_s^3} \tag{2-73}$$

液压伺服系统的效率与液压能源的形式及管路损失有关。下面分析忽略管路的压力损失，因此液压泵的供油压力 p_s 也就是阀的供油压力。

如果采用变量泵供油，由于变量泵能够自动调节其供油流量 q_s 来满足负载流量 q_L 的要求，因此 $q_s=q_L$。阀在最大输出功率的最高效率为

$$\eta=\frac{(p_Lq_L)_{max}}{p_sq_s}=\frac{\frac{2}{3}p_sq_s}{p_sq_s}=\frac{2}{3}=0.667 \tag{2-74}$$

采用变量泵供油，因其不存在供油流量的损失，因此这个效率也是阀本身能够达到的最高效率。

若采用定量泵供油加溢流阀作为液压能源，定量泵的供油流量应等于或大于阀的最大负载流量 q_{Lmax}（即阀的最大空载流量 q_{0max}）。阀在最大输出功率时的最高效率为

$$\eta=\frac{(p_Lq_L)_{max}}{p_sq_s}=\frac{\frac{2}{3}p_sC_dWx_{vmax}\sqrt{\frac{1}{\rho}(p_s-\frac{2}{3}p_s)}}{p_sC_dWx_{vmax}\sqrt{\frac{p_s}{\rho}}}=0.385 \tag{2-75}$$

在这个效率中，除了滑阀本身的节流损失，还包括溢流阀的溢流损失，即供油量损失，因此是整个液压伺服系统的效率。这种系统的效率是很低的，但由于其结构简单、成本低、维修方便，特别是在中小型系统中，仍然获得广泛的应用。

上述分析结果表明当 $p_L=\dfrac{2}{3}p_s$ 时，整个液压伺服系统的效率最高，同时阀的输出功率也最大，通常取 $p_L=\dfrac{2}{3}p_s$ 作为阀的设计负载压力。限制 p_L 值的另一个原因是在 $p_L=\dfrac{2}{3}p_s$ 的范围内，阀的流量增益和流量-压力系数变化也不大。流量增益降低和流量-压力系数增大会影响系统的性能 (第 4 章会详细介绍)，所以 p_L 一般都控制在上述范围。

2.7 滑阀的设计

滑阀设计的主要内容包括结构形式的选择和基本参数的确定。在设计时，首先应该考虑满足负载和执行元件对滑阀提出的稳态性要求。其次是滑阀的响应特性时间，同时也要使滑阀结构尽量简单、工艺性好、驱动力小和工作可靠等。

2.7.1 结构形式的选择

1. 滑阀工作边数的选择

滑阀工作边数的选择主要考虑液压执行元件的形式。双边滑阀只能控制差动液压缸，而四边滑阀可以控制双作用液压缸和液压马达。从性能上看，四边滑阀优于双边滑阀，两者的

零位流量增益相等, 但双边滑阀的压力增益只有四边滑阀的一半 (本书未列入相关内容, 读者可参阅其他资料)。从结构工艺上看, 双边滑阀优于四边滑阀。通常, 双边滑阀多用于机液伺服系统, 而四边滑阀多用于电液伺服系统。

2. 节流窗口形状的选择

矩形窗口的阀, 其开口面积与阀芯位移成正比, 具有线性的流量增益, 用得最多。对于圆形窗口, 工艺性好, 但流量非线性, 通常用于要求不高的场合。

3. 预开口形式的选择

对于矩形零开口阀, 具有线性的流量增益特性, 压力增益高, 零位泄漏量小, 因此得到广泛的应用。正开口阀由于流量增益是非线性的, 压力增益低, 零位泄漏流量大, 因此只在一些特殊的情况下使用。负开口阀在零位附近存在死区, 因此使用较少。

4. 阀芯凸肩数的选择

阀芯凸肩数主要取决于滑阀工作边数的布置, 如二通阀可以采用两个凸肩, 三通阀可以采用两个或三个凸肩, 四通阀可采用三个或四个凸肩。此外, 凸肩数还与阀的供油密封及回油密封有关。

2.7.2　主要参数的确定

根据负载的工作要求可以确定阀的额定流量和供油压力。通常, 阀的额定流量是指阀的最大空载流量, 即

$$q_e = q_{0m} = C_d A_{vmax} \sqrt{p_s/\rho} \tag{2-76}$$

阀的最大开口面积为

$$A_{v\,max} = \frac{q_{0m}}{C_d \sqrt{p_s/\rho}} \tag{2-77}$$

在供油压力 p_s 一定时, 阀的规格也可以用最大开口面积 A_{vmax} 表示。对矩形阀口, $A_{vmax} = W x_{vmax}$。在 A_{vmax} 一定时, 可以有 W 和 x_{vmax} 的不同组合, 而二者对阀的参数和性能都有影响, 如何正确选择它们的大小是十分重要的。

1. 面积梯度 W

在供油压力 p_s 一定时, 面积梯度 W 的大小决定了阀的流量增益, 故 W 的值影响液压伺服系统的稳定性。一般来说, 阀的流量增益必须与系统中其他元件的增益相匹配, 以得到所需要的开环增益。阀的流量增益确定后, W 的数值也就确定了。

在机液伺服系统中, 改变 W 是调整系统开环增益的主要方法, 有时是唯一的方法 (单位反馈系统), 因此 W 的确定十分重要。而在电液伺服系统中, 调整电子放大器的增益可以很方便地改变回路增益, 所以阀的流量增益或面积梯度的确定就不十分重要, 而阀芯的最大位移 x_{vmax} 往往要受电磁操纵元件输出位移的限制, 所以 x_{vmax} 选择显得更为重要。

2. 阀芯最大位移 x_{vmax}

通常希望适当降低 W 以增加 x_{vmax} 值, 这样可以提高阀的抗污染能力, 减少堵塞现象的出现; 同时可以避免在小开口时因堵塞而造成的流量增益下降; 可以降低阀芯轴向尺寸加

工公差的要求。但是 x_{vmax} 较大时，要受电磁操纵元件的输出位移和输出力的限制。在机液伺服系统中，由于操纵机构的输出力和输出位移较大，可以选择较大的 x_{vmax} 值。

3. 阀芯直径 d

为了保证阀芯有足够的刚度，应使阀芯颈部直径 d_r 不小于 $d/2$。另外，为了确保节流窗口为可控的节流口以避免流量饱和现象，阀腔通道内的流速不应过大。为此应使阀腔通道的面积为控制窗口最大面积的 4 倍以上，即

$$\frac{\pi}{4}(d^2 - d_r^2) > 4W x_{vmax} \tag{2-78}$$

将 $d_r = 1/2d$ 代入式 (2-78)，经整理后得

$$\frac{3}{64}\pi d^2 > W x_{vmax} \tag{2-79}$$

对于全周开口的滑阀，将 $W = \pi d$ 代入式 (2-79) 得

$$\frac{W}{x_{vmax}} > 67 \tag{2-80}$$

这是全周开口的滑阀不产生流量饱和的条件。若此条件不满足，则不能采用全周开口的滑阀，应加大阀芯直径 d，然后采用非全周开口的滑阀结构。通常是在阀套上对称地开两个或四个矩形窗口。

滑阀其他尺寸，如阀芯长度 L、凸肩宽度 b、阻尼长度 $L_1 + L_2$ 等与阀芯直径 d 之间有一定的经验比例关系。如阀芯长度 $L=(4\sim 7)d$；两端密封凸肩宽度约为 $0.7d$，中间凸肩宽度 b 可小于 $0.7d$，因为它不起密封作用；阻尼长度 $L_1 + L_2$ 约为 $2d$。

2.8 喷嘴挡板阀

与滑阀相比，喷嘴挡板阀具有结构简单、加工容易、运动部件质量小、对油液污染不太敏感等优点。但其零位泄漏流量大，所以只适用于小功率系统。在两级液压放大器中，多采用喷嘴挡板阀作为第一级。

2.8.1 单喷嘴挡板阀的静态特性

单喷嘴挡板阀的原理图如图 2-20 所示。它由固定节流孔、喷嘴和挡板组成。喷嘴与挡板间的环形面积构成了可变节流口，用于控制固定节流孔和可变节流孔之间的压力 p_c。单喷嘴挡板阀是三通阀，只能用来控制差动液压缸。控制压力 p_c 与负载腔 (即液压缸的无杆腔) 相连，而供油压力 p_s (恒压源) 与液压缸有杆腔相连。当挡板与喷嘴挡板的间隙减小时，可变液阻增大，使通过固定节流孔的流量减小，因此控制压力 p_c 也增大，推动负载运动，反之亦然。为了减小油温变化的影响，固定节流孔通常是短管形的，喷嘴端部也是近于锐边形的。

1. 压力特性

根据液流的连续性方程可以得出

$$q_L = q_1 - q_2 \tag{2-81}$$

将固定节流孔和可变节流孔的流量方程代入式 (2-81) 得

$$q_{\mathrm{L}} = C_{\mathrm{d0}} A_0 \sqrt{\frac{2}{\rho}(p_{\mathrm{s}} - p_{\mathrm{c}})} - C_{\mathrm{df}} A_{\mathrm{f}} \sqrt{\frac{2}{\rho} p_{\mathrm{c}}} \tag{2-82}$$

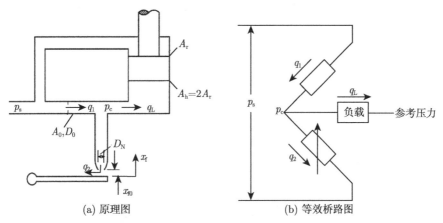

(a) 原理图　　　　　　　　　　　　　(b) 等效桥路图

图 2-20　单喷嘴挡板阀原理图及等效桥路图

式中，C_{d0}——固定节流孔的流量系数；

　　A_0——固定节流孔的流通面积；

　　C_{df}——可变节流孔的流量系数；

　　A_{f}——可变节流孔的流通面积。

将 $A_0 = \dfrac{\pi}{4} D_0^2$，$A_{\mathrm{f}} = \pi D_{\mathrm{N}}(x_{\mathrm{f0}} - x_{\mathrm{f}})$ 代入式 (2-82) 得

$$q_{\mathrm{L}} = C_{\mathrm{d0}} \frac{\pi}{4} D_0^2 \sqrt{\frac{2}{\rho}(p_{\mathrm{s}} - p_{\mathrm{c}})} - C_{\mathrm{df}} \pi D_{\mathrm{N}}(x_{\mathrm{f0}} - x_{\mathrm{f}}) \sqrt{\frac{2}{\rho} p_{\mathrm{c}}} \tag{2-83}$$

式中，D_0——固定节流孔直径；

　　D_{N}——喷嘴孔直径；

　　x_{f0}——挡板与喷嘴之间的零位间隙；

　　x_{f}——挡板偏离零位的位移。

　　压力特性是指切断负载 ($q_{\mathrm{L}}=0$) 时，控制压力 p_{c} 随挡板位移 x_{f} 的变化特性。令 $q_{\mathrm{L}}=0$，由式 (2-82) 可得压力特性方程

$$\frac{p_{\mathrm{c}}}{p_{\mathrm{s}}} = \left[1 + \left(\frac{C_{\mathrm{df}} A_{\mathrm{f}}}{C_{\mathrm{d0}} A_0}\right)^2\right]^{-1} \tag{2-84}$$

其特性曲线如图 2-21 所示。

　　式 (2-84) 可改写为

$$\frac{p_{\mathrm{c}}}{p_{\mathrm{s}}} = \left[1 + \left(\frac{C_{\mathrm{df}} \pi D_{\mathrm{N}}(x_{\mathrm{f0}} - x_{\mathrm{f}})}{C_{\mathrm{d0}} A_0}\right)^2\right]^{-1} \tag{2-85}$$

令 $a = \dfrac{C_{\mathrm{df}} \pi D_{\mathrm{N}} x_{\mathrm{f0}}}{C_{\mathrm{d0}} A_0}$，则

$$\frac{p_{\mathrm{c}}}{p_{\mathrm{s}}} = \left[1 + \left(a - \frac{C_{\mathrm{df}} \pi D_{\mathrm{N}} x_{\mathrm{f}}}{C_{\mathrm{d0}} A_0}\right)^2\right]^{-1} \tag{2-86}$$

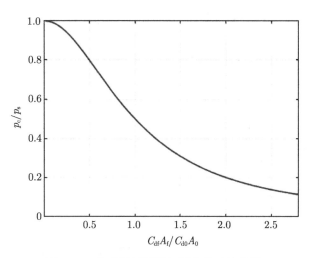

图 2-21 单喷嘴挡板阀切断负载时的特性

将 $C_{d0}A_0 = \dfrac{C_{df}\pi D_N x_{f0}}{a}$ 代入式 (2-86) 得

$$\frac{p_c}{p_s} = \left[1 + a^2 \left(1 - \frac{x_f}{x_{f0}} \right)^2 \right]^{-1} \tag{2-87}$$

式 (2-87) 表明，p_c 不但随着 x_f 而变，而且和 a 有关。下面求 a 取何值时，零位压力的灵敏度最高。对零位压力灵敏度求导并使之为 0，得

$$\frac{\mathrm{d}}{\mathrm{d}a} \left(\frac{\mathrm{d}p_c}{\mathrm{d}x_f} \bigg|_{x_f=0} \right) = \frac{p_s}{x_{f0}} \frac{4a(1-a^2)}{(1+a^2)^3} = 0 \tag{2-88}$$

化简后，得

$$a = \frac{C_{df}A_{f0}}{C_{d0}A_0} = \frac{C_{df}\pi D_N x_{f0}}{C_{d0}A_0} = 1 \tag{2-89}$$

此时，由式 (2-84) 可得零位时的控制压力为

$$p_{c0} = \frac{1}{2} p_s \tag{2-90}$$

在这一点，不但零位压力灵敏度最高，而且控制压力 p_c 能充分调节，在 $|x_f| \leqslant x_{f0}$ 时，$0.2p_s \leqslant p_c \leqslant p_s$ (图 2-21)。因此，通常取 $p_{c0} = \dfrac{1}{2}p_s$ 作为设计准则。根据这个准则，要求与单喷嘴挡板阀一起工作的差动液压缸活塞两边的面积比为 2:1。

2. 压力–流量特性

将式 (2-89) 代入式 (2-83) 并简化，可得压力–流量方程为

$$\frac{q_L}{C_{d0}A_0 \sqrt{\dfrac{2}{\rho} p_s}} = \sqrt{1 - \frac{p_c}{p_s}} - \left(1 - \frac{x_f}{x_{f0}} \right) \sqrt{\frac{p_c}{p_s}} \tag{2-91}$$

其压力–流量曲线见图 2-22。

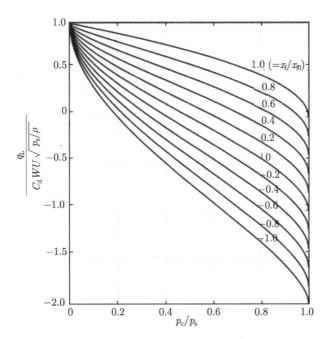

图 2-22　单喷嘴挡板阀的压力–流量曲线

阀在零位 $(x_\mathrm{f} = q_\mathrm{L}=0,\ p_\mathrm{c0}=0.5p_\mathrm{s})$ 时的阀系数分别为

$$K_\mathrm{q0} = \left.\frac{\partial q_\mathrm{L}}{\partial x_\mathrm{f}}\right|_0 = C_\mathrm{df}\pi D_\mathrm{N}\sqrt{\frac{1}{\rho}p_\mathrm{s}} \tag{2-92}$$

$$K_\mathrm{p0} = \left.\frac{\partial p_\mathrm{c}}{\partial x_\mathrm{f}}\right|_0 = \frac{p_\mathrm{s}}{2x_\mathrm{f0}} \tag{2-93}$$

$$K_\mathrm{c0} = -\left.\frac{\partial q_\mathrm{L}}{\partial p_\mathrm{c}}\right|_0 = \frac{2C_\mathrm{df}\pi D_\mathrm{N}x_\mathrm{f0}}{\sqrt{\rho p_\mathrm{s}}} \tag{2-94}$$

阀在零位时泄漏流量为

$$q_\mathrm{c} = C_\mathrm{df}\pi D_\mathrm{N}x_\mathrm{f0}\sqrt{\frac{1}{\rho}p_\mathrm{s}} \tag{2-95}$$

这一流量决定了阀在零位时的功率损失。

2.8.2　双喷嘴挡板阀的静态特性

1. 压力–流量特性

双喷嘴挡板阀是由两个结构相同的单喷嘴挡板阀组合在一起按差动原理工作的，如图 2-23 所示。

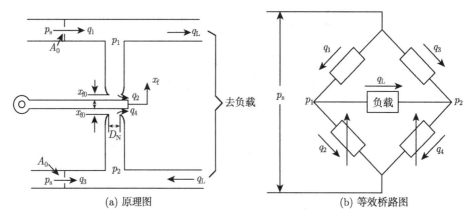

图 2-23 双喷嘴挡板阀原理图及等效桥路图

双喷嘴挡板阀是四通阀,因此可用来控制双作用液压缸。

根据流量连续性即 $q_L = q_1 - q_2$,可得

$$q_L = C_{d0}A_0\sqrt{\frac{2}{\rho}(p_s - p_1)} - C_{df}\pi D_N(x_{f0} - x_f)\sqrt{\frac{2}{\rho}p_1} \tag{2-96}$$

同理,有 $q_L = q_3 - q_4$,得

$$q_L = C_{df}\pi D_N(x_{f0} + x_f)\sqrt{\frac{2}{\rho}p_2} - C_{d0}A_0\sqrt{\frac{2}{\rho}(p_s - p_2)} \tag{2-97}$$

联立式 (2-96) 和式 (2-97),得

$$\frac{q_L}{C_{d0}A_0\sqrt{p_s/\rho}} = \sqrt{2\left(1 - \frac{p_1}{p_s}\right)} - \left(1 - \frac{x_f}{x_{f0}}\right)\sqrt{\frac{2p_1}{p_s}} \tag{2-98}$$

$$\frac{q_L}{C_{d0}A_0\sqrt{p_s/\rho}} = \left(1 + \frac{x_f}{x_{f0}}\right)\sqrt{\frac{2p_2}{p_s}} - \sqrt{2\left(1 - \frac{p_2}{p_s}\right)} \tag{2-99}$$

将式 (2-98)、式 (2-99) 与关系式 $p_L = p_1 - p_2$ 结合起来就完全确定了双喷嘴挡板阀的压力–流量方程。

但是,这些方程不能用简单的方法合成一个关系式。可用下述方法作出压力–流量曲线:选定一个 x_f,给出一系列的 q_L 值,然后利用式 (2-98) 和式 (2-99) 分别求出对应的 p_1、p_2 值,再进行作差得到负载压力。双喷嘴挡板阀的压力–流量曲线如图 2-24 所示。

与图 2-22 所示的单喷嘴挡板阀的压力–流量曲线相比,其压力–流量曲线的线性度好,线性范围较大,特性曲线对称性好。

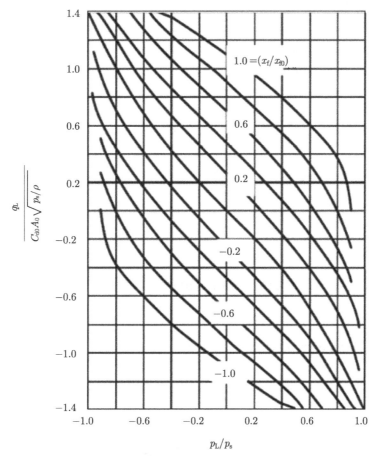

图 2-24　双喷嘴挡板阀的压力–流量曲线

2. 压力特性

双喷嘴挡板阀在挡板偏离零位时,一个喷嘴腔的压力升高,另一个喷嘴腔的压力降低。在切断负载 ($q_L=0$) 时,每个喷嘴腔的压力可由式 (2-87) 求得。当满足式 (2-89) 的设计准则时,可得到

$$\frac{p_1}{p_s} = \frac{1}{1 + \left(1 - \dfrac{x_f}{x_{f0}}\right)^2} \tag{2-100}$$

$$\frac{p_2}{p_s} = \frac{1}{1 + \left(1 + \dfrac{x_f}{x_{f0}}\right)^2} \tag{2-101}$$

将式 (2-100) 和式 (2-101) 相减,可得压力特性方程

$$\frac{p_L}{p_s} = \frac{p_1 - p_2}{p_s} = \frac{1}{1 + \left(1 - \dfrac{x_f}{x_{f0}}\right)^2} - \frac{1}{1 + \left(1 + \dfrac{x_f}{x_{f0}}\right)^2} \tag{2-102}$$

其压力特性曲线如图 2-25 所示。

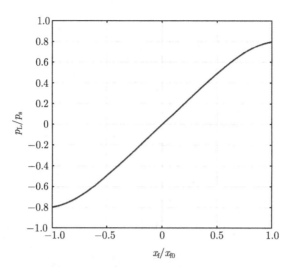

图 2-25 双喷嘴挡板阀的压力特性曲线

3. 阀的零位系数

为了求得阀的零位系数, 可将式 (2-96) 和式 (2-97) 在零位 $\left(x_{\mathrm{f}}=q_{\mathrm{L}}=p_{\mathrm{L}}=0, p_1=p_2=\dfrac{p_{\mathrm{s}}}{2}\right)$ 附近线性化, 即

$$
\begin{aligned}
\Delta q_{\mathrm{L}} &= C_{\mathrm{df}}\pi D_{\mathrm{N}}\sqrt{\frac{p_{\mathrm{s}}}{\rho}}\Delta x_{\mathrm{f}} - \frac{2C_{\mathrm{df}}\pi D_{\mathrm{N}}x_{\mathrm{f0}}}{\sqrt{\rho p_{\mathrm{s}}}}\Delta p_1 \\
&= C_{\mathrm{df}}\pi D_{\mathrm{N}}\sqrt{\frac{p_{\mathrm{s}}}{\rho}}\Delta x_{\mathrm{f}} + \frac{2C_{\mathrm{df}}\pi D_{\mathrm{N}}x_{\mathrm{f0}}}{\sqrt{\rho p_{\mathrm{s}}}}\Delta p_2
\end{aligned}
\tag{2-103}
$$

将两式相加并除以 2, 后与 $\Delta p_{\mathrm{L}} = \Delta p_1 - \Delta p_2$ 合并, 可得

$$
\Delta q_{\mathrm{L}} = C_{\mathrm{df}}\pi D_{\mathrm{N}}\sqrt{\frac{p_{\mathrm{s}}}{\rho}}\Delta x_{\mathrm{f}} - \frac{C_{\mathrm{df}}\pi D_{\mathrm{N}}x_{\mathrm{f0}}}{\sqrt{\rho p_{\mathrm{s}}}}\Delta p_{\mathrm{L}}
\tag{2-104}
$$

式 (2-104) 为双喷嘴挡板阀在零位附近工作时压力–流量方程的线性化表达式。由该方程可直接得到阀的零位系数

$$
K_{\mathrm{q0}} = \left.\frac{\Delta q_{\mathrm{L}}}{\Delta x_{\mathrm{f}}}\right|_{\Delta p_{\mathrm{L}}=0} = C_{\mathrm{df}}\pi D_{\mathrm{N}}\sqrt{\frac{1}{\rho}p_{\mathrm{s}}}
\tag{2-105}
$$

$$
K_{\mathrm{p0}} = \left.\frac{\Delta p_{\mathrm{L}}}{\Delta x_{\mathrm{f}}}\right|_{\Delta q_{\mathrm{L}}=0} = \frac{p_{\mathrm{s}}}{x_{\mathrm{f0}}}
\tag{2-106}
$$

$$
K_{\mathrm{c0}} = \left.\frac{\Delta q_{\mathrm{L}}}{\Delta p_{\mathrm{L}}}\right|_{\Delta x_{\mathrm{f}}=0} = \frac{C_{\mathrm{df}}\pi D_{\mathrm{N}}x_{\mathrm{f0}}}{\sqrt{\rho p_{\mathrm{s}}}}
\tag{2-107}
$$

零位时阀的泄漏流量为

$$
q_{\mathrm{c}} = 2C_{\mathrm{df}}\pi D_{\mathrm{N}}x_{\mathrm{f0}}\sqrt{\frac{1}{\rho}p_{\mathrm{s}}}
\tag{2-108}
$$

将这些关系式与单喷嘴挡板阀的相应关系式比较, 可以看出, 两者的流量增益是一样的, 而压力灵敏度增加了一倍, 但是零位泄漏流量也增加了一倍。与单喷嘴挡板阀相比, 双

喷嘴挡板阀由于结构对称还具有以下优点：因温度和供油压力变化而产生的零漂小，即零位工作点变动小；挡板在零位时所受的液压力和液动力是平衡的。

2.8.3　作用在挡板上的液流力

首先研究单喷嘴挡板阀的情况，参看图 2-26。对于锐边喷嘴，在喷嘴端面由喷嘴直径 D_N 到 D 之间的环形面积上，液流的静压力对挡板的作用力可以忽略。这样，作用在挡板上的液流力主要有喷嘴孔处的静压力对挡板产生的液压力和射流动量的变化对挡板产生的反作用力，即

$$F = p_N A_N + \rho q_N v_N \tag{2-109}$$

式中，F——作用在挡板上的液流力；

$\quad\quad p_N$——喷嘴孔出口处的压力；

$\quad\quad A_N$——喷嘴孔的面积，$A_N = \pi D_N^2 / 4$；

$\quad\quad q_N$——通过喷嘴孔的流量，$q_N = v_N A_N$；

$\quad\quad v_N$——喷嘴孔出口断面上的液体流速。

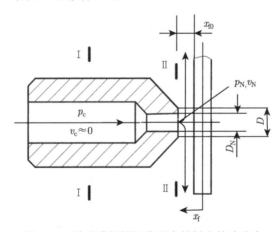

图 2-26　单喷嘴挡板阀作用在挡板上的液流力

压力 p_N 可由断面 I 和断面 II 的伯努利方程求出：

$$p_N = p_c - \frac{1}{2}\rho v_N^2 \tag{2-110}$$

将式 (2-110) 代入式 (2-109) 可得

$$F = \left(p_c + \frac{1}{2}\rho v_N^2\right) A_N \tag{2-111}$$

喷嘴孔出口断面上的流速可由下式求出：

$$v_N = \frac{q_N}{A_N} = \frac{C_{df}\pi D_N (x_{f0} - x_f)\sqrt{\dfrac{2}{\rho}p_c}}{\pi D_N^2 / 4} = \frac{4C_{df}(x_{f0} - x_f)\sqrt{\dfrac{2}{\rho}p_c}}{D_N} \tag{2-112}$$

将式 (2-112) 代入式 (2-111)，可得挡板所受的液流力为

$$F = p_c A_N \left[1 + \frac{16C_{df}^2(x_{f0} - x_f)^2}{D_N^2}\right] \tag{2-113}$$

在喷嘴与挡板之间的间隙 $x_{f0} - x_f$ 很小时，式 (2-113) 中括号内的第二项就可以忽略，作用在挡板上的液流力就近似等于液压力 $p_c A_N$。

将式 (2-113) 对 x_f 求导，并在零位 $\left(x_f = 0, p_c = \dfrac{1}{2}p_s\right)$ 求值，可得单喷嘴挡板阀的零位液动力刚度为

$$\left.\frac{\mathrm{d}F}{\mathrm{d}x_f}\right|_0 = -4\pi C_{df}^2 p_s x_{f0} \tag{2-114}$$

这是负弹簧刚度，对挡板运动的稳定性不利。

下面研究双喷嘴挡板阀挡板所受的液流力，如图 2-27 所示。利用式 (2-113) 可求得每个喷嘴作用于挡板上的液流力分别为

$$F_1 = p_1 A_N \left[1 + \frac{16 C_{df}^2 (x_{f0} - x_f)^2}{D_N^2}\right] \tag{2-115}$$

$$F_2 = p_2 A_N \left[1 + \frac{16 C_{df}^2 (x_{f0} + x_f)^2}{D_N^2}\right] \tag{2-116}$$

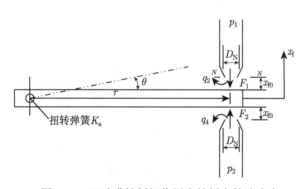

图 2-27　双喷嘴挡板阀作用在挡板上的液流力

作用在挡板上的净液流力为

$$F_1 - F_2 = (p_1 - p_2)(A_N + 4\pi C_{df}^2 x_{f0}^2 + 4\pi C_{df}^2 x_f^2) - 8\pi C_{df}^2 x_{f0}(p_1 + p_2)x_f \tag{2-117}$$

由于 $p_1 - p_2 = p_L$，并近似认为 $p_1 + p_2 \approx p_s$，则式 (2-117) 可以改写为

$$F_1 - F_2 = p_L A_N + 4\pi C_{df}^2 x_{f0}^2 p_L + 4\pi C_{df}^2 x_f^2 p_L - 8\pi C_{df}^2 x_{f0} p_s x_f \tag{2-118}$$

在喷嘴挡板设计过程中，通常使 $\dfrac{x_{f0}}{D_N} < \dfrac{1}{16}$，故式 (2-118) 中第二项与第一项相比可以忽略。由于 $x_f < x_{f0}$，所以式 (2-118) 中第三项也可以忽略。这样式 (2-118) 可简化为

$$F_1 - F_2 = p_L A_N - 8\pi C_{df}^2 x_{f0} p_s x_f \tag{2-119}$$

式 (2-119) 中，等号右边第一项是喷嘴孔处的静压力对挡板产生的液压力，第二项近似为射流动量变化对挡板产生的液动力。液动力刚度为 $-8\pi C_{df}^2 x_{f0} p_s$，是单喷嘴挡板阀的 2 倍。

2.8.4　喷嘴挡板阀的设计

喷嘴挡板阀的主要结构参数是喷嘴孔直径 D_N、零位间隙 x_{f0}、固定节流孔直径 D_0；其次为喷嘴孔长度 L_N、固定节流孔长度 L_0、喷嘴孔端面壁厚 L 及喷嘴前端锥角 α 等。

1. 喷嘴孔直径

喷嘴孔直径可根据系统要求的零位流量增益确定，由式 (2-105) 可得

$$D_{\mathrm{N}} = \frac{K_{\mathrm{q0}}}{C_{\mathrm{df}}\pi\sqrt{p_{\mathrm{s}}/\rho}} \tag{2-120}$$

2. 喷嘴挡板的零位间隙 x_{f0}

x_{f0} 可以这样确定，使喷嘴孔面积比喷嘴与挡板间的环形节流面积充分大，以保证环形节流面积是可控的节流孔，避免产生流量饱和现象，通常取

$$\pi D_{\mathrm{N}} x_{\mathrm{f0}} \leqslant \frac{1}{4}\frac{\pi D_{\mathrm{N}}^2}{4} \tag{2-121}$$

简化后得

$$x_{\mathrm{f0}} \leqslant \frac{D_{\mathrm{N}}}{16} \tag{2-122}$$

为了提高压力灵敏度和减小零位泄漏流量，x_{f0} 应取得小些。但 x_{f0} 过小，对油中污物敏感，容易堵塞。x_{f0} 一般可在 0.025~0.125mm 选取。

3. 固定节流孔直径 D_0

当 D_{N} 和 x_{f0} 都确定后，且流量系数 C_{df}、C_{d0} 已知时，可由式 (2-84) 求得固定节流孔直径 D_0，即

$$D_0 = 2\left(\frac{C_{\mathrm{df}}}{C_{\mathrm{d0}}}D_{\mathrm{N}}x_{\mathrm{f0}}\right)^{\frac{1}{2}}\left[\left(\frac{p_{\mathrm{c0}}}{p_{\mathrm{s}}}\right)^{-1} - 1\right]^{-\frac{1}{4}} \tag{2-123}$$

$$\frac{p_{\mathrm{c0}}}{p_{\mathrm{s}}} = \frac{1}{2}, \quad D_0 = 2\left(\frac{C_{\mathrm{df}}}{C_{\mathrm{d0}}}D_{\mathrm{N}}x_{\mathrm{f0}}\right)^{\frac{1}{2}} \tag{2-124}$$

$$\frac{C_{\mathrm{df}}}{C_{\mathrm{d0}}} = 0.8, \quad \frac{x_{\mathrm{f0}}}{D_{\mathrm{N}}} = \frac{1}{16}, \quad D_0 = 0.44 D_{\mathrm{N}} \tag{2-125}$$

4. 其他参数

工程上都采用锐边喷嘴挡板阀，这可减小油温变化对流量系数的影响，而且可以减小作用在挡板上的液压力，且容易计算。实验证明，当喷嘴孔端面壁厚与零位间隙之比 $l/x_{\mathrm{f0}} < 2$ 时，可变节流口可以认为是锐边的。此时节流口出流情况比较稳定，流量系数 C_{df} 为 0.6 左右。喷嘴前端的斜角 $\alpha > 30°$，此时它对应的流量系数无显著影响。喷嘴孔长度一般等于其直径，即 $l_{\mathrm{N}} = D_{\mathrm{N}}$。

固定节流孔的长度与其直径之比 $l_0/D_0 \leqslant 3$，属于短孔而具有少量长孔成分，其流量系数 C_{d0} 一般为 0.8~0.9。在初步设计时，可取 $C_{\mathrm{df}}/C_{\mathrm{d0}} = 0.8$。

2.9　射流管阀

射流阀也称射流液压阀，是一种分流式液压放大元件，而滑阀和喷嘴挡板阀是节流式液压放大元件，所以它与后两者的工作原理截然不同。射流阀从结构上可分为射流管阀和偏转板射流阀两种。这两种射流阀目前均为航空发动机燃油伺服阀的第一级液压放大器选用的类型。

2.9.1　工作原理

　　图 2-28 是射流管阀的工作原理,主要由射流管 1 和接收器 2 组成。射流管可以绕支承中心 3 转动。接收器上有两个圆形的接收孔,两个接收孔分别与液压缸的两腔相连。来自液压能源的恒压力、恒流量的液流通过支承中心引入射流管,经射流管喷嘴向接收器喷射。压力油的液压能通过射流管的喷嘴转化为液流的动能,液流被接收孔接收后,又将动能转换为压力能。

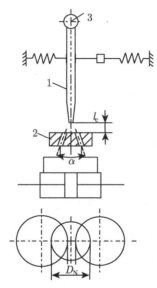

图 2-28　射流管阀工作原理图

1. 射流管;2. 接收器;3. 支承中心

　　无信号输入时,射流管由对中弹簧保持在两个接收孔的中间位置,两个接收孔所接收的射流动能也相同,因此两个接收孔的压力恢复也相等,液压活塞不动,当有信号输入时,射流管偏离中间位置,两个接收孔所接收的射流动能不再相等,其中一个增加另一个减少,因此两个接收孔的恢复压力不再相等,其压差使液压缸做活塞运动。

　　从射流管喷出的射流有淹没射流和非淹没射流两种情况。非淹没射流是射流经过空气达到接收器表面,射流再穿过空气时将冲击空气并分裂成含气的雾状射流。淹没射流的射流经过同密度的液体达到接收器表面,不会出现雾状分裂现象,也不会有空气进入运动的液体中去,所以淹没射流具有最佳的流动条件。因此,在射流管阀中一般都采用淹没射流。

　　无论是淹没射流还是非淹没射流,一般都是紊流。射流质点除轴向运动外还有横向运动。射流与其周围介质的接触表面有能量交换。有些介质分子会吸附进射流而随射流一起运动。这样,使射流质量增加而速度下降,介质分子掺杂进射流的现象是从射流表面开始逐渐向中心渗透的。所以,如图 2-29 所示,射流刚离开喷口时,射流中有一个速度等于喷口速度的等速核心,等速核心区随喷射距离的增加而减小。根据圆形喷嘴紊流淹没射流理论可以计算出,当射流距离 $l_0 \geqslant 4.19D_N$ 时,等速核心区消失。为了充分利用射流的动能,一般使喷嘴断面与接收器之间的距离 $l_c \leqslant l_0$。

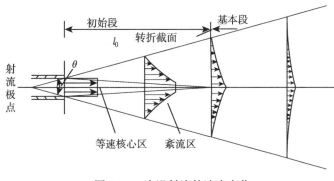

图 2-29　淹没射流的速度变化

2.9.2 射流管阀的静态特性

射流管阀的流动情况比较复杂，目前还难以准确地进行理论分析计算，性能也难以预测，其静态特性主要通过实验得到。

1. 压力特性

切断负载时，两个接收孔的恢复压力之差与射流管端面位移之间的关系称为压力特性。试验曲线如图 2-30 所示。压力特性曲线在原点的斜率即零位压力增益 K_{p0}。

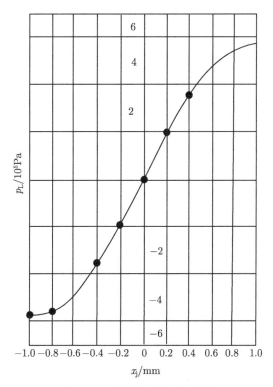

图 2-30　射流管阀的压力特性

2. 流量特性

在负载压力为零时，接收孔的恢复流量 (负载流量) 与射流管端面位移的关系称为流量特性。实验曲线如图 2-31 所示。流量特性曲线在原点的斜率即零位流量增益 K_{q0}。

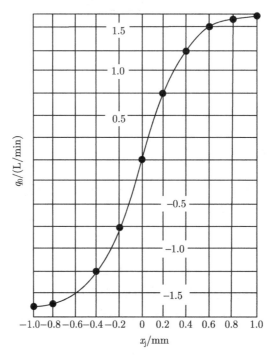

图 2-31　射流管阀的流量特性

3. 压力–流量特性

压力–流量特性是指在不同的射流管端面位移下，负载流量与负载压力在稳态下的关系。实验的压力–流量曲线如图 2-32 所示。对压力–流量曲线在原点的斜率取相反数即零位流量–压力系数 K_{c0}。

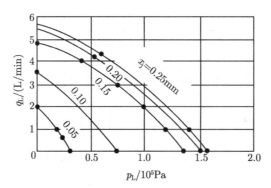

图 2-32　射流管阀的压力–流量特性

2.9.3　射流管阀的特点

1. 射流管阀的优点

(1) 射流管阀的最大特点是抗污染能力强，对油液的清洁度要求不高，从而提高工作的可靠性和使用寿命。

(2) 压力恢复系数和流量恢复系数高，一般均在 70% 以上，有时可达 90% 以上。由于效率高，既可作前置放大元件，也可作小功率伺服系统的功率放大元件。

因射流管阀具有上述诸多优点，尤其是第一个优点，已在燃油伺服阀产品中作为第一级液压放大器使用。

2. 射流管阀的缺点

(1) 其特性不易预测，主要靠实验测定。射流管受射流能力的作用，容易产生振动。

(2) 与喷嘴挡板阀相比，射流管阀的惯量较大，因此其动态响应特性不如喷嘴挡板阀。

(3) 零位泄漏流量大。

(4) 当油液黏度变化时，对特性影响较大，低温特性较差。

2.10　偏转板射流阀

2.10.1　工作原理

偏转板射流阀结构如图 2-33 所示，其主要由射流盘 1 和偏转板 2 两部分组成。射流盘上布置有一个射流喷嘴 A 与两个对称的接收口 B 和 C，两个接收口作为控制口与两级伺服阀的功率级滑阀相连接。偏转板上开有 V 型导流窗口。高压油液进入射流盘后从喷嘴 A 喷射，喷射出的油液经偏转板上的 V 型导流窗口导流后喷向接收口 B、C。当偏转板处于射流盘中位时，由喷嘴喷射的射流被两个接收口均等地接收，接收口 B 和 C 的恢复压力相等，滑阀所受液压合力为零。当偏转板偏转时，一个接收口的恢复压力升高，另一个接收口的恢复压力降低，两个接收口产生的恢复压差不等，偏转板射流阀控制功率级滑阀运动 (伺服阀中)。

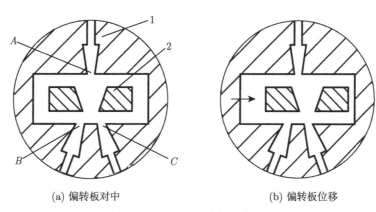

(a) 偏转板对中　　　　　　　　　(b) 偏转板位移

图 2-33　偏转板射流阀工作原理

1. 射流盘；2. 偏转板；A. 射流喷嘴；B、C. 接收口

2.10.2 偏转板射流阀的主要参数

1. 结构参数

偏转板射流阀的主要结构参数如图 2-34 所示。

偏转板射流液压放大器的主要结构参数有喷嘴的锥角 θ_0、喷孔宽度 L_1、V 型通道出口宽度 H_1 和每个接收通道入口宽度 H_3、V 型通道两侧壁夹角 θ_1、喷口端面至偏转板的距离 L_2、偏转板至接收通道的距离 L_4 等 (图 2-34)。

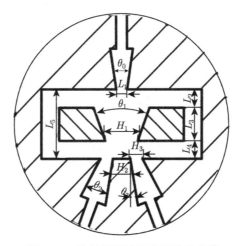

图 2-34 偏转板射流阀主要结构参数

2. 特性参数

偏转板射流阀的流动情况比较复杂,目前还没有准确的理论计算公式,常用数值模拟或试验法确定其阀系数等特性参数。为了能够深入研究、分析其特性参数,作以下假设:

(1) 液压能源是理想的恒压能源,供油压力 p_s 为常数,回油压力为 p_{c0}。同时,忽略管道和阀腔内的压力损失。

(2) 由于是稳态分析,液体密度变化量小,可以忽略不计,因此假定油液是不可压缩的。

(3) 假定从喷嘴喷出的流束流量为常值,并且流束的速度经过偏转板后才发生变化。

(4) 喷孔与两接收通道口的宽度相等 ($L_1 = H_3$),V 型通道出口宽度为 H_1。

(5) 两接收通道入口具有理想的尖边。

基于上述假设,以下对其特性参数做近似估算。

1) 阀系数

根据喷管的流量压力方程有

$$q_{\mathrm{N}} = C_{\mathrm{d}} A_{\mathrm{N}} \sqrt{\frac{2}{\rho}(p_{\mathrm{s}} - p_1 - p_0)} \tag{2-126}$$

式中,C_{d}——喷嘴流量系数;

$\quad\quad A_{\mathrm{N}}$——喷嘴孔面积;

$\quad\quad \rho$——油液密度;

p_1——接收孔压力。

得到其压力增益

$$K_{pd} = \frac{2C_d^2(p_s - p_0)}{L_1}$$ (2-127)

流量增益

$$K_{qd} = 2C_d H_1 \sqrt{\frac{2}{\rho}(p_s - p_0)}$$ (2-128)

流量-压力系数

$$K_{cd} = \frac{K_{qd}}{K_{pd}} = \frac{L_1 H_1}{C_d} \sqrt{\frac{2}{\rho(p_s - p_0)}}$$ (2-129)

2) 泄漏特性

偏转板在中间位置时，喷嘴流量全部损失，因此它也是偏转板射流阀的零位泄漏量。当供油压力一定时，喷嘴流量为一定值，即

$$q_N = C_d \delta x_d \sqrt{\frac{2}{\rho}(p_s - p_1 - p_0)}$$

3) 液动力

根据动量定理有

$$F = m\frac{dv}{dt} = \rho\frac{Q^2}{A}$$

式中，Q——油液的流量 (m^3/s)；

A——油液的断流面积 (m^2)。

当偏转板偏离中位 x_d 时，会受到射流的冲击，如图 2-34 所示，则有

$$A_1 = \delta x_d$$

$$Q_1 = C_p \delta x_d \sqrt{\frac{2}{\rho}(p_s - p_{c0})}$$

$$F_y = \rho\frac{Q_1^2}{A_1^2} = 2C_p^2 \delta(p_s - p_{c0})x_d$$

因此，偏转板所受的稳态液动力在 x 方向的分力为

$$R_x = F_y \sin\frac{\beta}{2}\cos\frac{\beta}{2} = C_p^2 \delta(p_s - p_{c0})\sin\beta \cdot x_d$$

2.10.3　偏转板射流阀的特点

1. 优点

(1) 偏转板与射流盘之间的间隙较双喷嘴挡板阀约大一个数量级，因此，很大程度上提高了抗污染能力。

(2) 相较于射流管结构，在保证其抗污染能力的前提下，同时又具有偏转板重量轻的特点，提高了阀的整体动态特性。

(3) 刚性较强耐振动较强，零位稳定性好，加速时零位漂移小。

2. 缺点

(1) 内部流场情况复杂，性能难以预测，其分析和设计主要靠实验确定。

(2) 喷嘴宽度、偏转板 V 型导流槽角度以及劈尖宽度 (两接收孔入口端面间的连接部分) 都将直接影响偏转板射流阀的静态特性。

思 考 题

1. 为什么把液压控制阀称为液压放大元件？

2. 理想滑阀与实际滑阀各应满足什么条件？

3. 什么是三通阀、四通阀？什么是双边滑阀、四边滑阀？它们之间有什么关系？

4. 什么叫阀的工作点？零位工作点的条件是什么？

5. 在计算液压伺服系统稳定性、响应特性和稳态误差时，应如何选定阀的系数？为什么？

6. 比较零开口滑阀与正开口滑阀、三通阀与四通阀的三个阀系数有什么异同？为什么？

7. 径向间隙对零开口滑阀的静态特性有什么影响？为什么要研究实际零开口滑阀的泄漏特性？

8. 为什么零开口四边滑阀的性能最好，但加工难度最大？

9. 什么是稳态液动力？什么是瞬态液动力？

10. 滑阀流量饱和的含义是什么？它对阀的特性有什么影响？在设计时如何避免？

11. 求出零开口双边滑阀的最大功率点和最大功率。

12. 如何表示阀的规格？零开口四边滑阀的负载压降 p_L 为什么要限制在 $\frac{2}{3}p_s$ 以内？

13. 喷嘴挡板阀的零位压力为什么取 $0.5p_s$ 左右？D_N 和 x_{f0} 对其性能有什么影响？

14. 射流管阀有哪些特点？射流管阀的工作原理和滑阀、喷嘴挡板阀的差异是什么？

15. 偏转板射流阀的工作原理是什么？有哪些特点？

习 题

1. 有一零开口全周通油的四边滑阀，其直径 $d = 8\times10^{-3}$m，径向间隙 $r_c = 5\times10^{-6}$m，供油压力 $p_s = 70\times10^5$Pa，采用 10 号航空液压油在 40℃工作，流量系数 $C_d = 0.62$，求阀的零位系数。

2. 已知一正开口量 $U = 0.05\times10^{-3}$m 的四边滑阀，在供油压力 $p_s = 70\times10^5$Pa 下测得零位泄漏流量 $q_c =5$L/min，求阀的三个零位系数。

3. 一零开口全周通油的四边滑阀，其直径 $d =8\times10^{-3}$m，供油压力 $p_s =210\times10^5$Pa，最大开口量 $x_{0max} =0.5\times10^{-3}$m，求最大空载稳态液动力。

4. 有一阀控系统，阀为零开口四边滑阀，供油压力 $p_s =210\times10^5$Pa，系统稳定性要求阀的流量增益 $K_{q0} =2.072$m^2/s，试设计计算滑阀的直径 d 和最大开口量 x_{0max}。计算时取流量系数 $C_d =0.62$，油液密度 $\rho =870$kg/m^3。

5. 已知一双喷嘴挡板阀，供油压力 $p_s =210\times10^5$Pa，零位泄漏流量 $q_c =7.5\times10^{-6}$m^3/s，设计计算 D_N、x_{f0}、D_0，并求出零位系数，计算时取 $C_{d0} =0.8$，$C_{df} =0.64$，$\rho =870$kg/m^3。

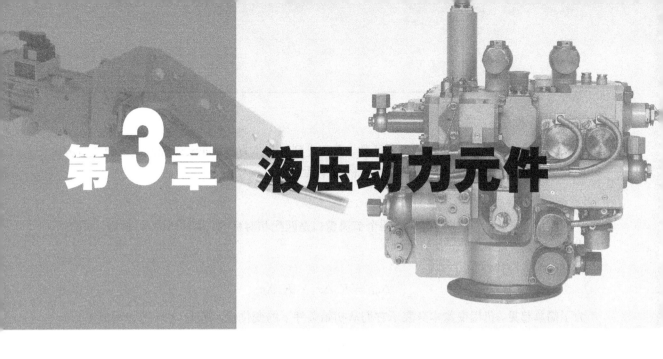

第3章 液压动力元件

液压动力元件 (或称液压动力机构) 是由液压放大元件 (或称液压控制元件) 和液压执行元件组成的。液压放大元件可以是液压控制阀, 也可以是伺服变量泵。液压执行元件是液压缸或液压马达。航空航天工程中, 液压缸又常称作液压作动器或作动筒。有四种基本形式的液压动力元件: 阀控液压缸、阀控液压马达、泵控液压缸、泵控液压马达。前两种动力元件可以构成阀控 (节流控制) 系统, 后两种动力元件可以构成泵控 (容积控制) 系统。

在大多数液压伺服系统中, 液压动力元件是一个关键部件, 它的动态特性在很大程度上决定着整个系统的性能。本章将主要介绍航空发动机中常用的阀控液压缸及泵控液压马达两种液压动力元件的传递函数 (有关阀控液压马达、泵控液压缸的方法类似, 具体查阅其他相关资料), 分析它们的动态特性和主要性能参数。所讨论的内容是分析和设计整个液压伺服系统的基础。

3.1 四通滑阀控制液压缸

四通滑阀控制液压缸的原理如图 3-1 所示, 是由零开口四边滑阀和对称液压缸组成的。它是最常见的一种液压动力元件。

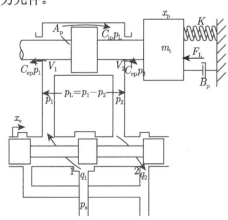

图 3-1 四通滑阀控制液压缸原理

3.1.1　基本方程

为了推导液压动力元件的传递函数，需要先列写基本方程，即液压控制阀的流量方程、液压缸流量连续性方程和液压缸与负载的力平衡方程。

1. 液压控制阀的流量方程

假定：阀是零开口四边滑阀，四个节流窗口是匹配和对称的，供油压力 p_s 恒定，回油压力 p_0 为零。

阀的线性化流量方程为

$$\Delta q_L = K_q \Delta x_v - K_c \Delta p_L \tag{3-1}$$

为了简单起见，仍用变量本身表示它们从初始条件下的变化量，则式 (3-1) 可以写成

$$q_L = K_q x_v - K_c p_L \tag{3-2}$$

位置伺服系统动态分析经常是在零位工作条件下进行的，此时增量与变量相等。

在第 2 章分析阀的静态特性时，未考虑泄漏和油液压缩性的影响。因此，对匹配且对称的零开口四边滑阀来说，两个控制通道的流量 q_1、q_2 均等于负载流量 q_L。在动态分析时，需要考虑泄漏和油液压缩性的影响。由于液压缸外泄漏和压缩性的影响，流入液压缸的流量 q_1 和流出液压缸的流量 q_2 不相等，即 $q_1 \neq q_2$。为了简化分析，定义负载流量为

$$q_L = \frac{q_1 + q_2}{2} \tag{3-3}$$

2. 液压缸流量连续性方程

假定：阀与液压缸的连接管道对称且短而粗，管道中的压力损失和管道动态可以忽略；液压缸每个工作腔内各处压力相等，油温和体积弹性模量为常数；液压缸内、外泄漏均为层流流动。

从阀进入液压缸的流量 q_1 除了推动活塞运动，还要补偿缸内的各种泄漏，补偿液体的压缩量和管道等的膨胀量。

缸的泄漏分为内泄漏和外泄漏。图 3-1 中，内泄漏指从 V_1 泄漏至 V_2 或从 V_2 泄漏至 V_1，取决于 p_1、p_2 的值以及内泄漏系数 C_{ip}；外泄漏是指从 V_1 或 V_2 泄漏至外界，取决于 p_1 与外界的压力差及外泄漏系数 C_{ep}。

这里液体是弹性体，并且可以混有气体，加压缩小；液压缸两腔等效为两液体容器，为弹性体，加压膨胀。用液体等效容积弹性模数来表示容器中油液的容积变化与压力增长之间的关系，其关系式为

$$\Delta p = \beta_e \frac{\Delta V}{V} \tag{3-4}$$

式中，Δp——容器中的压力增长量；

$\quad\quad \Delta V$——液体容积的变化量 (压缩量)；

$\quad\quad V$——容器中液体的初始体积；

$\quad\quad \beta_e$——等效容积弹性模数，它是一个综合参数，难于确定，一般计算中取 $\beta_e \approx 6.9 \times 10^8 \mathrm{N/m^2}$。

如果用流量表示容积的变化量, 那么 $q = \dfrac{\mathrm{d}V}{\mathrm{d}t} = \dfrac{V}{\beta_{\mathrm{e}}}\dfrac{\mathrm{d}p}{\mathrm{d}t}$。根据流体连续性原理, 流入容器的液体体积与流出该容器的液体体积、容器本身的体积变化以及液体体积变化相平衡。容积为 V_1 的液体由于压力增加, 液体压缩又需要补充的流量为 $\dfrac{\mathrm{d}V_1}{\mathrm{d}t} = \dfrac{V_1}{\beta_{\mathrm{e}}} \times \dfrac{\mathrm{d}p_1}{\mathrm{d}t}$, 则进入左腔的流量为

$$q_1 = A_{\mathrm{p}}\frac{\mathrm{d}x_{\mathrm{p}}}{\mathrm{d}t} + \frac{V_1}{\beta_{\mathrm{e}}}\frac{\mathrm{d}p_1}{\mathrm{d}t} + C_{\mathrm{ip}}(p_1 - p_2) + C_{\mathrm{ep}}p_1 \tag{3-5}$$

活塞运动时, 通过阀口回油箱的流量 q_2 为

$$q_2 = A_{\mathrm{p}}\frac{\mathrm{d}x_{\mathrm{p}}}{\mathrm{d}t} - \frac{V_2}{\beta_{\mathrm{e}}}\frac{\mathrm{d}p_2}{\mathrm{d}t} + C_{\mathrm{ip}}(p_1 - p_2) - C_{\mathrm{ep}}p_2 \tag{3-6}$$

式中, A_{p}——液压缸活塞有效面积;

　　x_{p}——活塞位移;

　　C_{ip}——液压缸内泄漏系数;

　　C_{ep}——液压缸外泄漏系数;

　　V_1——液压缸进油腔的容积 (包括阀、连接管道和进油腔), 可表示为 $V_{01} + A_{\mathrm{p}}x_{\mathrm{p}}$, V_{01} 为液压缸进油腔初始容积;

　　V_2——液压缸回油腔的容积 (包括阀、连接管道和回油腔), 可表示为 $V_{02} - A_{\mathrm{p}}x_{\mathrm{p}}$, V_{02} 为液压缸回油腔初始容积。

在式 (3-5) 和式 (3-6) 中, 等号右边第一项是推动活塞运动所需的流量, 第二项是油液压缩和腔体变形所需的流量, 第三项是经过活塞密封处的内泄漏流量, 第四项是经过活塞杆密封处的外泄漏流量。

由式 (3-3)、式 (3-5) 和式 (3-6) 可得连续性方程为

$$
\begin{aligned}
q_{\mathrm{L}} &= \frac{1}{2}(q_1 + q_2) \\
&= A_{\mathrm{p}}\frac{\mathrm{d}x_{\mathrm{p}}}{\mathrm{d}t} + \frac{1}{2\beta_{\mathrm{e}}}\left(V_1\frac{\mathrm{d}p_1}{\mathrm{d}t} - V_2\frac{\mathrm{d}p_2}{\mathrm{d}t}\right) + C_{\mathrm{ip}}(p_1 - p_2) + \frac{C_{\mathrm{ep}}}{2}(p_1 - p_2)
\end{aligned}
\tag{3-7}
$$

在式 (3-5) 和式 (3-6) 中, 外泄漏流量 $C_{\mathrm{ep}}p_1$ 和 $C_{\mathrm{ep}}p_2$ 通常很小, 可以忽略不计。如果压缩流量 $\dfrac{V_1}{\beta_{\mathrm{e}}}\dfrac{\mathrm{d}p_1}{\mathrm{d}t}$ 和 $-\dfrac{V_2}{\beta_{\mathrm{e}}}\dfrac{\mathrm{d}p_2}{\mathrm{d}t}$ 相等, 则 $q_1 = q_2$。因为阀是匹配且对称的, 所以通过滑阀节流口 1、2 的流量也相等 (通过对角线桥臂的流量相等)。这样, 动态时 $p_{\mathrm{s}} = p_1 + p_2$ 仍近似适用。由于 $p_{\mathrm{L}} = p_1 - p_2$, 所以 $p_1 = \dfrac{1}{2}(p_{\mathrm{s}} + p_{\mathrm{L}}), p_2 = \dfrac{1}{2}(p_{\mathrm{s}} - p_{\mathrm{L}})$。从而有

$$\frac{\mathrm{d}p_1}{\mathrm{d}t} = \frac{1}{2}\frac{\mathrm{d}p_{\mathrm{L}}}{\mathrm{d}t} = -\frac{\mathrm{d}p_2}{\mathrm{d}t} \tag{3-8}$$

要使压缩流量相等, 就应使液压缸两腔的初始容积 V_{01} 和 V_{02} 相等, 即

$$V_{01} = V_{02} = V_0 = \frac{V_{\mathrm{t}}}{2} \tag{3-9}$$

式中, V_0——活塞在中间位置时每一个工作腔的容积;

　　V_{t}——总压缩容积。

活塞在中间位置时，液体压缩性影响最大，动力元件固有频率最低，阻尼比最小，因此系统稳定性最差。所以分析时应取活塞的中间位置作为初始位置。

由于 $A_{\mathrm{p}}x_{\mathrm{p}} \ll V_0$，$\dfrac{\mathrm{d}p_1}{\mathrm{d}t} + \dfrac{\mathrm{d}p_2}{\mathrm{d}t} \approx 0$，则式 (3-7) 可简化为

$$q_{\mathrm{L}} = A_{\mathrm{p}}\frac{\mathrm{d}x_{\mathrm{p}}}{\mathrm{d}t} + \frac{V_{\mathrm{t}}}{4\beta_{\mathrm{e}}}\frac{\mathrm{d}p_{\mathrm{L}}}{\mathrm{d}t} + C_{\mathrm{tp}}p_{\mathrm{L}} \tag{3-10}$$

式中，C_{tp}——总泄漏系数，$C_{\mathrm{tp}} = C_{\mathrm{ip}} + \dfrac{C_{\mathrm{ep}}}{2}$。

式 (3-10) 是液压动力元件流量连续性方程的常用形式。式中，等式右边第一项为推动液压缸活塞运动所需的流量，第二项是总压缩流量，第三项是总泄漏流量。

3. 液压缸与负载的力平衡方程

液压动力元件的动态特性受负载特性的影响。负载力一般为惯性力、黏性阻尼力、弹性力和任意负载力。

液压缸的输出力与负载力的平衡方程为

$$A_{\mathrm{p}}p_{\mathrm{L}} = m_{\mathrm{t}}\frac{\mathrm{d}^2 x_{\mathrm{p}}}{\mathrm{d}t^2} + B_{\mathrm{p}}\frac{\mathrm{d}x_{\mathrm{p}}}{\mathrm{d}t} + Kx_{\mathrm{p}} + F_{\mathrm{L}} \tag{3-11}$$

式中，m_{t}——活塞及由负载折算至活塞上的总质量；

$\quad\ B_{\mathrm{p}}$——活塞及负载等运动件的黏性阻尼系数；

$\quad\ K$——负载运动时的弹性负载刚度；

$\quad\ F_{\mathrm{L}}$——作用在活塞上的其他负载力。

此外，还存在库仑摩擦等非线性负载，但采用线性化方法分析系统动态特性时，必须将这些非线性负载忽略。

3.1.2　方框图与传递函数

式 (3-2)、式 (3-10) 和式 (3-11) 是阀控液压缸的三个基本方程，它们完全描述了阀控液压缸的动态特性。三式的拉普拉斯变换为

$$Q_{\mathrm{L}} = K_{\mathrm{q}}X_{\mathrm{v}} - K_{\mathrm{c}}P_{\mathrm{L}} \tag{3-12}$$

$$Q_{\mathrm{L}} = A_{\mathrm{p}}sX_{\mathrm{p}} + C_{\mathrm{tp}}P_{\mathrm{L}} + \frac{V_{\mathrm{t}}}{4\beta_{\mathrm{e}}}sP_{\mathrm{L}} \tag{3-13}$$

$$A_{\mathrm{p}}P_{\mathrm{L}} = m_{\mathrm{t}}s^2 X_{\mathrm{p}} + B_{\mathrm{p}}sX_{\mathrm{p}} + KX_{\mathrm{p}} + F_{\mathrm{L}} \tag{3-14}$$

由这三个基本方程可以画出阀控液压缸的方框图，如图 3-2 所示 (其中，图 3-2(a) 是由负载流量获得液压缸活塞位移的方框图，图 3-2(b) 是由负载压力获得液压缸活塞位移的方框图，这两个方框图是等效的)。在图 3-2(a) 中，可由式 (3-12) 得相加点 1，由式 (3-13) 得相加点 2，由式 (3-14) 得相加点 3。在图 3-2(b) 中，可将式 (3-12) 和式 (3-13) 合并得到相加点 1，由式 (3-14) 可得相加点 2。

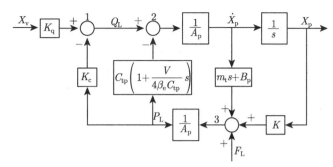

(a) 由负载流量获得液压缸活塞位移的方框图

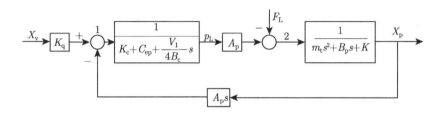

(b) 由负载压力获得液压缸活塞位移的方框图

图 3-2　阀控液压缸的方框图

　　以上方框图可用于模拟计算。从负载流量获得的方框图适合于负载惯量较小、动态过程较快的场合。而从负载压力获得的方框图特别适用于负载流量和泄漏系数都较大,而动态过程比较缓慢的场合。

　　由式 (3-12)~ 式 (3-14) 或通过方框图变换,都可以求得输入位移和外负载力 F_L 同时作用时液压缸活塞的总输出位移为

$$X_{\mathrm{p}} = \cfrac{\cfrac{K_{\mathrm{q}}}{A_{\mathrm{p}}}X_{\mathrm{v}} - \cfrac{K_{\mathrm{ce}}}{A_{\mathrm{p}}^2}\left(\cfrac{Vt}{4\beta_{\mathrm{e}}K_{\mathrm{ce}}}s + 1\right)F_{\mathrm{L}}}{\cfrac{V_{\mathrm{t}}m_{\mathrm{t}}}{4\beta_{\mathrm{e}}A_{\mathrm{p}}^2}s^3 + \left(\cfrac{K_{\mathrm{ce}}m_{\mathrm{t}}}{A_{\mathrm{p}}^2} + \cfrac{B_{\mathrm{p}}V_{\mathrm{t}}}{4\beta_{\mathrm{e}}A_{\mathrm{p}}^2}\right)s^2 + \left(1 + \cfrac{B_{\mathrm{p}}K_{\mathrm{ce}}}{A_{\mathrm{p}}^2} + \cfrac{KV_{\mathrm{t}}}{4\beta_{\mathrm{e}}A_{\mathrm{p}}^2}\right)s + \cfrac{K_{\mathrm{ce}}K}{A_{\mathrm{p}}^2}} \tag{3-15}$$

式中, K_{ce}——总流量–压力系数, $K_{\mathrm{ce}} = K_{\mathrm{c}} + C_{\mathrm{tp}}$。

　　式 (3-15) 是流量连续性方程的另一种表现形式。式中,分子的第一项是液压缸活塞的空载速度,第二项是外负载力作用引起的速度降低。将分母特征多项式与等号左边的 X_{p} 相乘后,其第一项 $\dfrac{V_{\mathrm{t}}m_{\mathrm{t}}}{4\beta_{\mathrm{e}}A_{\mathrm{p}}^2}s^3 X_{\mathrm{p}}$ 是惯性力变化引起的压缩流量所产生的活塞速度;第二项 $\dfrac{K_{\mathrm{ce}}m_{\mathrm{t}}}{A_{\mathrm{p}}^2}s^2 X_{\mathrm{p}}$ 是惯性力引起的泄漏流量所产生的活塞速度,第三项 $\dfrac{B_{\mathrm{p}}V_{\mathrm{t}}}{4\beta_{\mathrm{e}}A_{\mathrm{p}}^2}s^2 X_{\mathrm{p}}$ 是黏性力变化引起的压缩流量所产生的活塞速度;第四项是活塞运动速度;第五项 $\dfrac{B_{\mathrm{p}}K_{\mathrm{ce}}}{A_{\mathrm{p}}^2}s X_{\mathrm{p}}$ 是黏性力引起的泄漏流量所产生的活塞速度;第六项 $\dfrac{KV_{\mathrm{t}}}{4\beta_{\mathrm{e}}A_{\mathrm{p}}^2}s X_{\mathrm{p}}$ 是弹性力变化引起的压缩流量所产生的活塞速度;第七项 $\dfrac{K_{\mathrm{ce}}K}{A_{\mathrm{p}}^2}X_{\mathrm{p}}$ 是弹性力引起的泄漏流量所产生的活塞速度。了解特征方程各项所代表的物理意义,对以后简化传递函数是有益的。

3.1.3 传递函数简化

在动态方程 (3-15) 中，考虑了惯性负载、黏性阻尼系数、弹性负载以及油液的压缩性和液压缸泄漏等影响因素，是一个十分通用的形式。实际系统的负载往往比较简单，而且根据具体使用情况有些影响可以忽略，这样传递函数就可以大为简化。从式 (3-15) 可以看出，无论对指令输入 X_v 的传递函数还是对干扰输入 F_L 的传递函数，其特征方程是一样的，是一个三阶方程，传递函数的简化实际上就是特征方程的简化。为了便于分析，希望将特征方程进行因式分解，化为标准形式。

伺服系统的负载在很多情况下以惯性负载为主，而没有弹性负载或弹性负载很小可以忽略。在液压马达作执行元件的伺服系统中，弹性负载更是少见。所以，没有弹性负载的情况比较普遍，也比较典型。另外，黏性阻尼系数 B_p 一般很小，由黏性阻尼力 $B_p s X_p$ 引起的泄漏流量 $\dfrac{B_p K_{ce}}{A_p} s X_p$ 所产生的活塞速度 $\dfrac{B_p K_{ce}}{A_p^2} s X_p$ 比活塞的运动速度 $s X_p$ 小得多，即 $\dfrac{B_p K_{ce}}{A_p^2} \ll 1$，因此 $\dfrac{B_p K_{ce}}{A_p^2}$ 项与 1 相比可以忽略不计。

在 $K=0$，$\dfrac{B_p K_{ce}}{A_p^2} \ll 1$ 时，式 (3-15) 可以简化为

$$X_p = \frac{\dfrac{K_p}{A_p} X_v - \dfrac{K_{ce}}{A_p^2}\left(\dfrac{V_t}{4\beta_e K_{ce}} s + 1\right) F_L}{s\left[\dfrac{m_t V_t}{4\beta_e A_p^2} s^2 + \left(\dfrac{K_{ce} m_t}{A_p^2} + \dfrac{B_p V_t}{4\beta_e A_p^2}\right) s + 1\right]} \tag{3-16}$$

或

$$X_p = \frac{\dfrac{K_q}{A_p} X_v - \dfrac{K_{ce}}{A_p^2}\left(\dfrac{V_t}{4\beta_e K_{ce}} s + 1\right) F_L}{s\left(\dfrac{s^2}{\omega_h^2} + \dfrac{2\zeta_h}{\omega_h} s + 1\right)} \tag{3-17}$$

式中，ω_h——液压固有频率，$\omega_h = \sqrt{\dfrac{4\beta_e A_p^2}{m_t V_t}}$；

ζ_h——液压阻尼比，$\zeta_h = \dfrac{K_{ce}}{A_p}\sqrt{\dfrac{\beta_e m_t}{V_t}} + \dfrac{B_p}{4A_p}\sqrt{\dfrac{V_t}{\beta_e m_t}}$。

当 B_p 较小可以忽略时，ζ_h 可近似写为

$$\zeta_h = \frac{K_{ce}}{A_p}\sqrt{\frac{\beta_e m_t}{V_t}} \tag{3-18}$$

$$\frac{2\zeta_h}{\omega_h} = \frac{K_{ce} m_t}{A_p^2} \tag{3-19}$$

式 (3-17) 给出了以惯性负载为主时阀控液压缸的动态特性。分子中的第一项是稳态情况下活塞的空载速度，第二项是因外载力造成的速度降低。

对指令输入到输出的传递函数为

$$\frac{X_p}{X_v} = \frac{K_q/A_p}{s\left(\dfrac{s^2}{\omega_h^2} + \dfrac{2\zeta_h}{\omega_h} s + 1\right)} \tag{3-20}$$

从扰动输入到输出的传递函数为

$$\frac{X_{\mathrm{p}}}{F_{\mathrm{L}}} = \frac{-\dfrac{K_{\mathrm{ce}}}{A_{\mathrm{p}}^2}\left(\dfrac{V_{\mathrm{t}}}{4\beta_{\mathrm{e}}K_{\mathrm{ce}}}s + 1\right)}{s\left(\dfrac{s^2}{\omega_{\mathrm{h}}^2} + \dfrac{2\zeta_{\mathrm{h}}}{\omega_{\mathrm{h}}}s + 1\right)}$$ (3-21)

式 (3-20) 是阀控液压缸传递函数最常见的形式，在液压伺服系统的分析和设计中经常要用到。

3.1.4　频率响应分析

阀控液压缸对指令输入和对干扰输入的动态特性可由相应的传递函数及其性能参数所确定。由于负载特性不同，其传递函数的形式也不同。下面按没有弹性负载的情况加以讨论。

1. 对指令输入 X_{v} 的频率响应分析

对指令输入 X_{v} 的动态响应特性由传递函数式 (3-20) 表示，它由比例、积分和二阶振荡环节组成，主要的性能参数为速度放大系数 $K_{\mathrm{q}}/A_{\mathrm{p}}$、液压固有频率 ω_{h} 和液压阻尼比 ζ_{h}。其伯德图如图 3-3 所示。由图中的几何关系可知，穿越频率 $\omega_{\mathrm{c}} = \dfrac{K_{\mathrm{q}}}{A_{\mathrm{p}}}$。

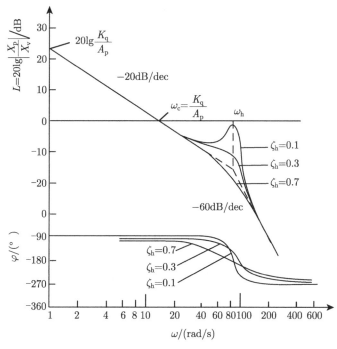

图 3-3　无弹性负载的伯德图

1) 速度放大系数

由于传递函数中包含一个积分环节，所以在稳态时，液压缸活塞的输出速度与阀的输入位移成比例，比例系数 $\dfrac{K_{\mathrm{q}}}{A_{\mathrm{p}}}$ 即速度放大系数 (速度增益)。它表示阀对液压缸活塞速度控制的灵敏度。速度放大系数直接影响系统的稳定性、响应速度和精度。提高速度放大系数可以提高系统的响应速度和精度，但使系统的稳定性变坏。速度放大系数随阀的流量增益变化而变化。在零位工作点，阀的流量增益 K_{q0} 最大，而流量–压力系数 K_{c0} 最小，所以系统的稳定性最差。故在计算系统的稳定性时，应取零位流量增益 K_{q0}。阀的流量增益 K_q 随负载压力增加而降低，当 $p_L = \dfrac{2}{3}p_s$ 时，K_q 下降到 K_{q0} 的 57.7%。K_q 下降 (ω_c 也下降) 使系统的响应速度和精度也下降。为了保证执行机构的工作速度和良好的控制性能，通常将负载压力限制在 $p_L \leqslant \dfrac{2}{3}p_s$ 的范围内。在计算系统的静态精度时，应取最小的流量增益，通常取 $p_L = \dfrac{2}{3}p_s$ 时的流量增益。

2) 液压固有频率

液压固有频率是负载质量与液压缸工作腔中的油液压缩性所形成的液压弹簧相互作用的结果。假设液压缸是无摩擦无泄漏的，两个工作腔充满高压液体并完全封闭，如图 3-4 所示。由于液体的压缩性，当活塞受到外力作用时产生位移 Δx_p，使一腔压力升高 Δp_1，另一腔压力降低 Δp_2，Δp_1 和 Δp_2 分别为

$$\Delta p_1 = \frac{\beta_e A_p}{V_1} \Delta x_p \tag{3-22}$$

$$\Delta p_2 = \frac{-\beta_e A_p}{V_2} \Delta x_p \tag{3-23}$$

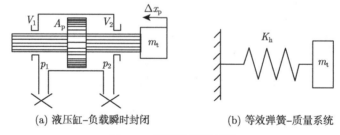

(a) 液压缸–负载瞬时封闭   (b) 等效弹簧–质量系统

图 3-4   液压弹簧原理图

被压缩液体产生的复位力为

$$A_p = (\Delta p_1 - \Delta p_2) = \beta_e A_p^2 \left(\frac{1}{V_1} + \frac{1}{V_2} \right) \Delta x_p \tag{3-24}$$

式 (3-24) 表明，被压缩液体产生的复位力与活塞位移成比例，因此被压缩液体的作用相当于一个线性液压弹簧，其刚度称为液压弹簧刚度。由式 (3-24) 得总液压弹簧刚度为

$$K_h = \beta_e A_p^2 \left(\frac{1}{V_1} + \frac{1}{V_2} \right) \tag{3-25}$$

它是液压缸两腔被压缩液体形成的两个液压弹簧刚度之和。式 (3-25) 表明 K_h 与活塞在液压缸中的位置有关，当活塞处在中间位置时，即 $V_1 = V_2 = V_0 = \dfrac{V_t}{2}$ 时，有

$$K_h = \frac{2\beta_e A_p^2}{V_0} = \frac{4\beta_e A_p^2}{V_t} \tag{3-26}$$

此时液压弹簧刚度最小。当活塞处在液压缸两端时，V_1 或 V_2 接近于零，液压弹簧刚度最大。

　　液压弹簧刚度是在液压缸两腔完全封闭的情况下推导出来的，实际上由于阀的开度和液压缸泄漏的影响，液压缸不可能完全封闭，因此在稳态下这个弹簧刚度是不存在的。但在动态时，在一定的频率范围内泄漏来不及起作用，相当于一种封闭状态。因此，液压弹簧应理解为动态弹簧而不是稳态弹簧。

　　液压弹簧与负载质量相互作用构成一个液压弹簧–质量系统，该系统的固有频率 (活塞在中间位置时) 为

$$\omega_{\mathrm{h}} = \sqrt{\frac{K_{\mathrm{h}}}{m_{\mathrm{t}}}} = \sqrt{\frac{2\beta_{\mathrm{e}}A_{\mathrm{p}}^2}{V_0 m_{\mathrm{t}}}} = \sqrt{\frac{4\beta_{\mathrm{e}}A_{\mathrm{p}}^2}{V_{\mathrm{t}} m_{\mathrm{t}}}} \tag{3-27}$$

在计算液压固有频率时，通常取活塞在中间位置时的值，此时 ω_{h} 最低，系统稳定性最差。

　　液压固有频率表示液压动力元件的响应速度。在液压伺服系统中，液压固有频率往往是整个系统中最低频率，它限制了系统的响应速度。为了提高系统的响应速度，应提高液压固有频率。

　　由式 (3-27) 可见，提高液压固有频率的方法有：

　　(1) 增大液压缸活塞面积 A_{p}。ω_{h} 与 A_{p} 不成比例关系，因为 A_{p} 增大压缩容积 V_{t} 也随之增加。增大 A_{p} 的缺点是，为了满足同样的负载速度，需要的负载流量增大了，使阀、连接管道和液压能源装置的尺寸重量也随之增大。活塞面积 A_{p} 主要是由负载决定的，有时为满足响应速度的要求，也采用增大 A_{p} 的办法来提高 ω_{h}。

　　(2) 减小总压缩容积 V_{t}。该法主要是减小液压缸的无效容积和连接管道的容积。应使阀靠近液压缸，最好将阀和液压缸装在一起。另外，也应考虑液压执行元件形式的选择，长行程、输出力小时可选用液压马达，短行程、输出力大时可选用液压缸。

　　(3) 减小折算到活塞上的总质量 m_{t}。m_{t} 包括活塞质量、负载折算到活塞上的质量、液压缸两腔的油液质量、阀与液压缸连接管道中的油液折算质量。负载质量由负载决定，改变的余地不大。当连接管道细而长时，管道中的油液质量对 ω_{h} 的影响不容忽视，否则将造成比较大的计算误差。假设管道过流面积为 a，管道中油液的总质量为 m_0，则折算到液压缸活塞上的等效质量为 $m_0\dfrac{A_{\mathrm{p}}^2}{a^2}$。

　　(4) 提高油液的有效体积弹性模量 β_{e}。在 ω_{h} 所包含的物理量中，β_{e} 是最难确定的。β_{e} 的值受油液的压缩性、管道及缸体机械柔性和油液中所含空气的影响，其中以混入油液中的空气的影响最为严重。为了提高 β_{e} 值，应当尽量减少混入空气，并避免使用软管。一般取 $\beta_{\mathrm{e}} = 700 \sim 1400\mathrm{MPa}$，有条件时取实测值最好。

　　3) 液压阻尼比

　　由式 $\zeta_{\mathrm{h}} = \dfrac{K_{\mathrm{ce}}}{A_{\mathrm{p}}}\sqrt{\dfrac{\beta_{\mathrm{e}}m_{\mathrm{t}}}{V_{\mathrm{t}}}} + \dfrac{B_{\mathrm{p}}}{4A_{\mathrm{p}}}\sqrt{\dfrac{V_{\mathrm{t}}}{\beta_{\mathrm{e}}m_{\mathrm{t}}}}$ 可见液压阻尼比 ζ_{h} 主要由总流量–压力系数 K_{ce} 和负载的黏性阻尼系数 B_{p} 所决定，式中其他参数是考虑其他因素确定的。在一般的液压伺服系统中，B_{p} 比 K_{ce} 小得多，故 B_{p} 可以忽略不计。在 K_{ce} 中，液压缸的总泄漏系数 C_{tp} 又较阀的流量–压力系数 K_{c} 小得多，所以 ζ_{h} 主要由 K_{c} 值确定。在零位时 K_{c} 值最小，从而给出最小的阻尼比。在计算系统的稳定性时应取零位时的 K_{c} 值，因为此时系统的稳定性

最差。由 K_{c0} 计算出的零位阻尼比一般都很小。由于库仑摩擦等因素的影响，实际的零位阻尼比要比计算值大。文献 [1] 给出零位阻尼比的实测值至少为 0.1~0.2，或更高一些。

K_c 值随工作点不同会有很大的变化。在阀芯位移 x_v 和负载压力 p_L 较大时，由于 K_c 值增大使液压阻尼比急剧增大，可使 $\zeta_h > 1$，其变化范围达 20~30 倍。液压阻尼比是一个难以准确计算的 "软量"。零位阻尼比小，阻尼比变化范围大，是液压伺服系统的一个特点。在进行系统分析和设计时，特别是在进行系统校正时，应该注意这一点。

液压阻尼比表示系统的相对稳定性。为获得满意的性能，液压阻尼比应具有适当的值。一般液压伺服系统是低阻尼的，因此提高液压阻尼比对改善系统性能是十分重要的。其方法有：

(1) 设置旁路泄漏通道。在液压缸两个工作腔之间设置旁路通道增加泄漏系数 C_{tp}。缺点是增大了功率损失，降低了系统的总压力增益和系统的刚度，增加了外负载力引起的误差。另外，系统性能受温度变化的影响较大。

(2) 采用正开口阀，正开口阀的 K_{c0} 值大，可以增加阻尼，但也会使系统刚度降低，而且零位泄漏量引起的功率损失比第一种办法还要大。另外，正开口阀还要带来非线性流量增益、稳态液动力变化等问题。

(3) 增加负载的黏性阻尼。需要另外设置阻尼器，增加了结构的复杂性。

2. 对干扰输入 F_L 的频率响应分析

负载干扰输入 F_L 对液压缸的输出位移 X_p 和输出速度 $\dot{X}_p$ 有影响，这种影响可以用刚度来表示。下面分别研究阀控液压缸的动态位置刚度和动态速度刚度。

1) 动态位置刚度特性

传递函数式 (3-21) 表示阀控液压缸的动态位置柔度特性，其倒数即动态位置刚度特性，可写为

$$\frac{F_L}{X_p} = \frac{-\dfrac{A_p^2}{K_{ce}}s\left(\dfrac{s^2}{\omega_h^2} + \dfrac{2\zeta_h}{\omega_h}s + 1\right)}{\dfrac{V_t}{4\beta_e K_{ce}}s + 1} \tag{3-28}$$

当 $B_p=0$ 时，$\dfrac{4\beta_e K_{ce}}{V_t} = 2\zeta_h\omega_h$，则式 (3-28) 可改写为

$$\frac{F_L}{X_p} = -\frac{\dfrac{A_p^2}{K_{ce}}s\left(\dfrac{s^2}{\omega_h^2} + \dfrac{2\zeta_h}{\omega_h}s + 1\right)}{\dfrac{s}{2\zeta_h\omega_h} + 1} \tag{3-29}$$

式 (3-29) 表示的动态位置刚度特性由惯性环节、比例环节、理想微分环节和二阶微分环节组成。由于 ζ_h 很小，因此转折频率 $2\zeta_h\omega_h < \omega_h$。式中的负号表示负载力增加使输出减小。式 (3-29) 的幅频特性如图 3-5 所示。

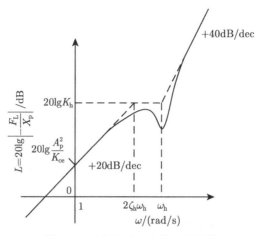

图 3-5　动态位置刚度的幅频特性

动态位置刚度与负载干扰力 F_L 的变化频率 ω 有关。在 $\omega < 2\zeta_h\omega_h$ 的低频段上，惯性环节和二阶微分环节不起作用，由式 (3-29) 可得

$$\left| -\frac{F_L}{X_p} \right| = \frac{A_p^2}{K_{ce}}\omega \tag{3-30}$$

当 $\omega=0$ 时，得静态位置刚度 $|-F_L/X_p|_{\omega=0} = 0$。因为在恒定的外负载力作用下，由于泄漏的影响，活塞将连续不断地移动，没有确定的位置。随着频率增加，泄漏的影响越来越小，动态位置刚度随频率成比例增大。

在 $2\zeta_h\omega_h < \omega < \omega_h$ 的中频段上，比例环节、惯性环节和理想微分环节同时起作用，动态位置刚度为一常数，其值为

$$\left| -\frac{F_L}{\dot{X}_p} \right| = \frac{A_p^2}{K_{ce}}s \bigg|_{s=\mathrm{j}2\zeta_h\omega_h} = \frac{4\beta_e A_p^2}{V_t} = K_h \tag{3-31}$$

在中频段上，由于负载干扰力的变化频率较高，液压缸工作腔的油液来不及泄漏，可以看成完全封闭的，其动态位置刚度就等于液压刚度。

在 $\omega > \omega_h$ 的高频段上，二阶微分环节起主要作用，动态位置刚度由负载惯性决定。动态位置刚度随频率的二次方增加，但一般很少在此频率范围工作。

2) 动态速度刚度特性

由式 (3-29) 或式 (3-30) 可求得低频段 $(\omega < 2\zeta_h\omega_h)$ 上的动态速度刚度为

$$\left| -\frac{F_L}{\dot{X}_p} \right| = \frac{A_p^2}{K_{ce}} \tag{3-32}$$

此时，液压缸相当于一个阻尼系数为 A_p^2/K_{ce} 的黏性阻尼器。从物理意义上说，在低频时因负载压差产生的泄漏流量被很小的泄漏通道所阻碍，产生黏性阻尼作用。

在 $\omega=0$ 时，由式 (3-29) 可求得静态速度刚度为

$$\left| -\frac{F_L}{\dot{X}_p} \right|_{\omega=0} = \frac{A_p^2}{K_{ce}} \tag{3-33}$$

其倒数为静态速度柔度

$$\left|-\frac{\dot{X}_{\mathrm{p}}}{F_{\mathrm{L}}}\right|_{\omega=0}=\frac{K_{\mathrm{ce}}}{A_{\mathrm{p}}^2} \tag{3-34}$$

它是速度下降值与所加恒定外负载力之比。

3.2 四通阀控液压马达

阀控液压马达也是一种常用的液压动力元件。其分析方法与阀控液压缸相同，下面简要加以介绍。

阀控液压马达原理图如图 3-6 所示。利用 3.1 节分析阀控液压缸的方法，可以求得阀控液压马达的三个基本方程的拉普拉斯变换式

$$Q_{\mathrm{L}}=K_{\mathrm{q}}X_{\mathrm{v}}-K_{\mathrm{c}}P_{\mathrm{L}} \tag{3-35}$$

$$Q_{\mathrm{L}}=D_{\mathrm{m}}s\theta_{\mathrm{m}}+\frac{V_{\mathrm{t}}}{4\beta_{\mathrm{e}}}sP_{\mathrm{L}}+C_{\mathrm{tm}}P_{\mathrm{L}} \tag{3-36}$$

$$D_{\mathrm{m}}P_{\mathrm{L}}=J_{\mathrm{t}}s^2\theta_{\mathrm{m}}+B_{\mathrm{m}}s\theta_{\mathrm{m}}+G\theta_{\mathrm{m}}+T_{\mathrm{L}} \tag{3-37}$$

式中，θ_{m}——液压马达的转角；

D_{m}——液压马达的排量；

C_{tm}——液压马达的总泄漏系数，$C_{\mathrm{tm}}=C_{\mathrm{im}}+\frac{1}{2}C_{\mathrm{em}}$，$C_{\mathrm{im}}$、$C_{\mathrm{em}}$ 分别为内、外泄漏系数；

V_{t}——液压马达两腔及连接管道总容积；

J_{t}——液压马达和负载折算到马达轴上的总惯量；

B_{m}——液压马达和负载的黏性阻尼系数；

G——负载的扭转弹簧刚度；

T_{L}——作用在马达轴上的任意外负载力矩。

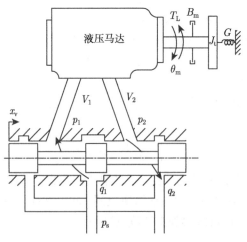

图 3-6 阀控液压马达原理图

将式 (3-35)~ 式 (3-37) 与式 (3-12)~ 式 (3-14) 相比较, 可以看出它们的形式相同。只要阀控液压缸基本方程中液压缸的结构参数和负载参数改成液压马达的相应参数, 就可以得到阀控液压马达的基本方程。由于基本方程的形式相同, 所以只要将式 (3-15) 中的液压缸参数改成液压马达参数, 即可得阀控液压马达在阀芯位移 X_v 和外负载力矩 T_L 同时输入时的总输出为

$$\theta_m = \frac{\dfrac{K_q}{D_m}X_v - \dfrac{K_{ce}}{D_m^2}\left(\dfrac{V_t}{4\beta_e K_{ce}}s+1\right)T_L}{\dfrac{V_t J_t}{4D_m^2\beta_e}s^3 + \left(\dfrac{J_t K_{ce}}{D_m^2}+\dfrac{V_t B_m}{4D_m^2\beta_e}\right)s^2 + \left(1+\dfrac{K_{ce}B_m}{D_m^2}+\dfrac{GV_t}{4\beta_e D_m^2}\right)s+\dfrac{GK_{ce}}{D_m^2}} \tag{3-38}$$

式中, K_{ce}——总流量-压力系数, $K_{ce}=K_c+C_{tm}$。

阀控液压马达弹簧负载很少见。当 $G=0$, 且 $\dfrac{B_m K_{ce}}{D_m^2}\ll 1$ 时, 式 (3-38) 可简化为

$$\theta_m = \frac{\dfrac{K_q}{D_m}X_v - \dfrac{K_{ce}}{D_m^2}\left(\dfrac{V_t}{4\beta_e K_{ce}}s+1\right)T_L}{s\left(\dfrac{s^2}{\omega_h^2}+\dfrac{2\zeta_h}{\omega_h}s+1\right)} \tag{3-39}$$

式中

$$\omega_h = \sqrt{\frac{4\beta_e D_m^2}{V_t J_t}} \tag{3-40}$$

$$\zeta_h = \frac{K_{ce}}{D_m}\sqrt{\frac{\beta_e J_t}{V_t}} + \frac{B_m}{4D_m}\sqrt{\frac{V_t}{\beta_e J_t}} \tag{3-41}$$

通常负载黏性阻尼系数 B_m 很小, ζ_h 可用下式表示

$$\zeta_h = \frac{K_{ce}}{D_m}\sqrt{\frac{\beta_e J_t}{V_t}} \tag{3-42}$$

液压马达轴的转角对阀芯位移的传递函数为

$$\frac{\theta_m}{X_v} = \frac{\dfrac{K_q}{D_m}}{s\left(\dfrac{s^2}{\omega_h^2}+\dfrac{2\zeta_h}{\omega_h}s+1\right)} \tag{3-43}$$

液压马达轴的转角对外负载力矩的传递函数为

$$\frac{\theta_m}{T_L} = \frac{-\dfrac{K_{ce}}{D_m^2}\left(1+\dfrac{V_t}{4\beta_e K_{ce}}s\right)}{s\left(\dfrac{s^2}{\omega_h^2}+\dfrac{2\zeta_h}{\omega_h}s+1\right)} \tag{3-44}$$

有关阀控液压马达的方框图、传递函数简化图和动态特性分析与阀控液压缸相似, 不再重复。

3.3　液压动力元件的负载匹配

液压动力元件要拖动负载运动，因此就存在液压动力元件的输出特性与负载特性的配合问题。根据负载力和负载运动速度来选择液压动力元件的参数称为液压动力元件与负载的匹配。

液压动力元件是拖动负载运动的，因此设计液压动力元件的根本出发点是必须满足负载运动的要求。其次，所设计的液压动力元件必须是最经济的。如果能同时满足上述要求，就是液压动力元件与负载匹配得最佳。如果动力元件的输出特性曲线不但包围负载轨迹，而且动力元件的最大输出功率点与负载的最大功率点重合，就认为动力元件与负载最佳匹配。

在研究负载匹配之前，首先应该了解负载特性。

3.3.1　负载特性

负载特性就是指负载运动时所需克服的阻力 (或阻力矩) 与负载本身的位置、速度及加速度之间的关系，通常以负载力与负载速度之间的关系表示。以负载力为横坐标、负载速度为纵坐标所画出的曲线，称为负载轨迹。若用数学方程描述负载力与负载速度两者间的关系，则该方程为负载轨迹方程。负载特性除与负载类型相关，还与负载运动规律有关。采用频率法设计系统时，可以认为输入信号是正弦信号，而负载则在作正弦响应。以下为几种典型负载特性介绍。

1. 惯性负载特性

惯性负载力可表示为

$$F_\mathrm{I} = m\ddot{x}$$

$$x = x_0 \sin(\omega t)$$

式中，x_0——正弦运动的振幅；

ω——正弦运动的角频率。

则负载轨迹方程为

$$F_\mathrm{I} = -m x_0 \omega^2 \sin(\omega t)$$

$$\dot{x} = x_0 \omega \cos(\omega t)$$

将上两式联立可得

$$\left(\frac{\dot{x}}{x_0\omega}\right)^2 + \left(\frac{F_\mathrm{I}}{m x_0 \omega^2}\right)^2 = 1 \tag{3-45}$$

由方程可以看出负载轨迹为一正椭圆，如图 3-7 所示。

其中最大负载速度 $\dot{x}_\mathrm{I\,max} = x_0\omega$ 与 ω 成正比，最大负载力 $F_\mathrm{I\,max} = m x_0 \omega^2$ 与 ω^2 成正比，故 ω 增加时椭圆横轴增加比纵轴快。由于惯性力随速度的增大而减小，所以负载轨迹点的旋转方向是逆时针方向。

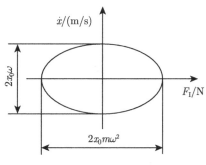

图 3-7　惯性负载轨迹

2. 摩擦负载特性

摩擦力包括静摩擦力和动摩擦力两部分,其相应的负载轨迹表示在图 3-8 中。静摩擦力与动摩擦力之和构成干摩擦力。当静摩擦力与动摩擦力近似相等时的干摩擦力称为库仑摩擦力。

3. 黏性阻尼负载特性

黏性阻尼力为

$$F_{\mathrm{v}} = B\dot{x}$$

若设负载的位移为 $x = x_0\sin\omega t$,则得负载轨迹方程为

$$\dot{x} = x_0\omega\cos\omega t$$

$$F_{\mathrm{v}} = Bx_0\omega\cos\omega t$$

或

$$\dot{x} = \frac{F_{\mathrm{v}}}{B} \tag{3-46}$$

负载轨迹为一直线,如图 3-8(c)、(d) 所示。其斜率 $\tan\alpha = \dfrac{1}{B}$ 与频率无关。

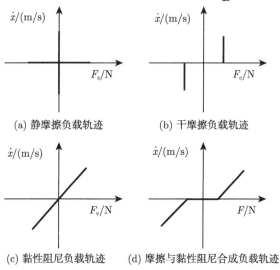

(a) 静摩擦负载轨迹　　　　　　　(b) 干摩擦负载轨迹

(c) 黏性阻尼负载轨迹　　　　(d) 摩擦与黏性阻尼合成负载轨迹

图 3-8　摩擦负载和黏性阻尼负载轨迹

4. 弹性负载特性

弹性负载力可表示为

$$F_p = K_s x$$

式中，K_s——弹簧刚度；

　　　x——弹簧位移。

设 $x = x_0 \sin(\omega t)$，则负载轨迹方程为

$$\dot{x} = x_0 w \cos(\omega t)$$

$$F_p = K_s x_0 \sin(\omega t)$$

将上两式联立，可得

$$\left(\frac{F_p}{K_s x_0}\right)^2 + \left(\frac{\dot{x}}{x_0 \omega}\right)^2 = 1 \tag{3-47}$$

可以看出，负载的轨迹也是一个正椭圆，如图 3-9 所示。

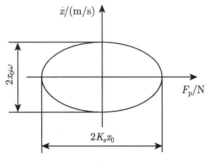

图 3-9　弹性负载轨迹

其中最大负载力 $F_{pmax} = K_s x_0$ 与 ω 无关，而最大负载速度 $\dot{x}_{max} = x_0 \omega$ 与 ω 成正比，故 ω 增加时椭圆横轴不变，纵轴与 ω 成比例增加。因为弹簧变形速度减小时弹簧力增大，所以负载轨迹上的点是顺时针变化的。

5. 合成负载特性

实际系统的负载常常是上述若干负载的组合，例如，惯性负载、黏性阻尼负载与弹性负载组合。此时负载力为

$$F_t = m\ddot{x} + B\dot{x} + Kx$$

若设负载做简谐运动，则位移为 $x = x_0 \sin(\omega t)$，那么负载的速度方程为

$$\dot{x} = x_0 \omega \cos(\omega t)$$

式中，x_0——负载的最大位移；

　　　ω——负载运动频率。

负载加速度为 $\ddot{x} = -x_0 \omega^2 \sin(\omega t)$，代入上式，可得

$$F_t = (K - m\omega^2) x_0 \sin(\omega t) + B x_0 \omega \cos(\omega t) \tag{3-48}$$

由于 $\sin^2(\omega t) + \cos^2(\omega t) = 1$，化简得

$$\left[\frac{F_t - B\dot{x}}{(K - m\omega^2)x_0}\right]^2 + \left(\frac{\dot{x}}{x_0\omega}\right)^2 = 1 \tag{3-49}$$

这是个斜椭圆方程，负载轨迹如图 3-10 所示。

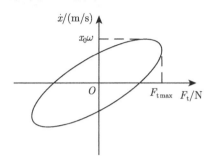

图 3-10　惯性、黏性阻尼和弹性组合负载轨迹

图 3-10 中椭圆轴线与横坐标的夹角为

$$\alpha = \frac{1}{2}\arctan\frac{2B}{B^2 - \dfrac{1}{\omega^2}(K - m\omega^2)^2 - 1}$$

由式 (3-48) 得

$$F_t = x_0\sqrt{(K - m\omega^2)^2 + B^2\omega^2}\sin(\omega t + \varphi)$$

则

$$F_{t\max} = x_0\sqrt{(K - m\omega^2)^2 + B^2\omega^2}$$

式中，$\varphi = \arctan\dfrac{B\omega}{K - m\omega^2}$。

　　对惯性负载加弹性负载或惯性负载加黏性负载的情况，负载轨迹方程可由式 (3-49) 简化得到。

　　对惯性负载、弹性负载、黏性阻尼负载或由它们组合的负载，随频率增加负载轨迹加大，在设计时应考虑最大工作频率的负载轨迹。

　　当存在外干扰力或负载运动规律不是正弦形式时，负载轨迹将变得复杂，有时只能知道部分工况点的情况。在负载轨迹上，对设计最有用的工况点是：最大功率、最大速度和最大负载力的工况。一般对功率的要求最难满足，也是最重要的要求。

3.3.2　等效负载的计算

　　液压执行元件有时通过机械传动装置与负载相连，如齿轮传动装置、滚珠丝杠等。为了分析计算方便，需将负载惯量、负载阻尼、负载刚度等折算到液压执行元件的输出端，或相反将液压执行元件的惯量、阻尼等折算到负载端。如果还要考虑结构柔度的影响，其负载模型则为二自由度或多自由度系统。

　　图 3-11(a) 为液压马达负载原理图。图中用惯量 J_m 的液压马达驱动惯量为 J_L 的负载，两者之间的齿轮传动比为 n，轴 1(液压马达轴) 的刚度为 K_{s1}，轴 2(负载轴) 的刚度为 K_{s2}。假设齿轮是绝对刚性的，齿轮的惯量和游隙为零。

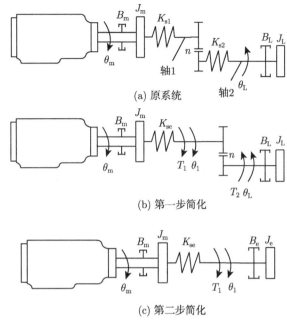

(a) 原系统

(b) 第一步简化

(c) 第二步简化

图 3-11　负载的简化模型

图 3-11(a) 可转化为图 3-11(c) 所示的等效系统, 其方法如下。

首先将挠性轴 2 转化成绝对刚性轴, 并用改变轴 1 的刚度来等效原系统。将惯量 J_L 刚性固定起来, 并对惯量 J_m 施加一个力矩 T_m, 在大齿轮上产生一个偏转角 nT_m/K_{s2}。大齿轮转动使小齿轮转过角度 n^2T_m/K_{s2}。在力矩 T_m 作用下, 轴 1 转过角度 T_m/K_{s1}。惯量 B_m 的总偏转角为 $T_m\left(\dfrac{1}{K_{s1}}+\dfrac{n^2}{K_{s2}}\right)$, 则对轴 1 的等效刚度为 K_{se}, 则

$$\frac{1}{K_{se}} = \frac{1}{K_{s1}} + \frac{n^2}{K_{s2}} \tag{3-50}$$

刚度的倒数为柔度, 因此系统的总柔度等于轴 1 的柔度加上轴 2 的柔度与传动比平方的乘积。

然后将轴 2 上的负载惯量 J_L 和黏性阻尼系数 B_L 折算到轴 1 上。假设 J_L 折算到轴 1 上的等效惯量为 J_c, B_L 折算到轴 1 上的等效黏性阻尼系数为 B_e, 由图可得到如下两个方程

$$T_1 = J_e\ddot{\theta}_1 + B_e\dot{\theta}_1 \tag{3-51}$$

$$T_2 = J_L\ddot{\theta}_L + B_L\dot{\theta}_L \tag{3-52}$$

式中, T_1——液压马达作用在轴 1 上的力矩;

T_2——齿轮 1 作用在轴 2 上的力矩;

θ_1——轴 1 的转角;

θ_L——轴 2 的转角。

考虑到 $T_2=nT_1$, $\theta_1=n\theta_L$, 由式 (3-52) 可得

$$T_1 = \frac{J_L}{n^2}\ddot{\theta}_1 + \frac{B_L}{n^2}\dot{\theta}_1 \tag{3-53}$$

将式 (3-53) 与式 (3-51) 对应项作比较可得

$$J_e = \frac{J_L}{n^2} \tag{3-54}$$

$$B_e = \frac{B_L}{n^2} \tag{3-55}$$

根据以上分析可得出如下结论: 将系统一部分惯量、黏性阻尼系数和刚度折算到转速高 i 倍的另一部分时, 只需将它们除以 i^2 即可。同理, 若要折算到转速低 i 倍的一端, 只需乘以 i^2 即可。

3.3.3　液压动力元件的输出特性

液压动力元件的输出特性是在稳态情况下, 执行元件的输出速度、输出力与阀的输入位移三者之间的关系, 可由阀的压力–流量特性变换得到。将阀的负载流量除以液压缸的面积 (或液压马达的排量), 负载压力乘以液压缸的面积 (或液压马达的排量), 就可以得到动力元件的输出特性, 如图 3-12 所示。

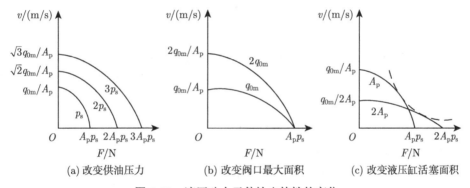

图 3-12　液压动力元件输出特性的变化

(1) 提高供油压力, 使整个抛物线右移, 输出功率增大, 如图 3-12(a) 所示。

(2) 增大阀的最大开口面积, 使整个抛物线变宽, 但顶点不动, 输出功率增大, 如图 3-12(b) 所示。

(3) 增大液压缸活塞面积, 使抛物线顶点右移, 同时使抛物线变窄, 但最大输出功率不变, 如图 3-12(c) 所示。

这样可通过调节三个参数, 使之与负载匹配。

3.3.4　负载匹配

根据负载轨迹来进行负载匹配时, 只要动力元件的输出特性曲线能够包围负载轨迹, 同时使输出特性曲线与负载轨迹之间的区域尽量小, 便认为液压动力元件与负载相匹配。尽量减小输出特性曲线与负载轨迹之间的区域, 便能减小功率损失, 提高效率。如果动力元件的输出特性曲线不但包围负载轨迹, 而且动力元件的最大输出功率点与负载的最大功率点重合, 就认为动力元件与负载是最佳匹配。此时, 功率利用最好。

在图 3-13 中, 输出特性曲线 1、2、3 均包围负载轨迹, 都能够拖动负载。曲线 1 的最大输出功率点 (A 点) 与负载的最大功率点重合, 满足最佳匹配条件。曲线 2 表明, 液压缸活塞面积过大,或控制阀太小,供油压力过高。该曲线斜率小,动力元件的静态速度刚度大,线性好,响应速度快。但动力元件的最大输出功率 (B 点) 大于负载的最大功率 (A 点),动力元件的功率没有完全利用。曲线 3 表明,液压缸活塞面积太小,或控制阀太大,供油压力过低。曲线斜率大,静态速度刚度小,线性和响应速度过低。动力元件的最大输出功率 (C 点) 仍大于负载的最大功率。

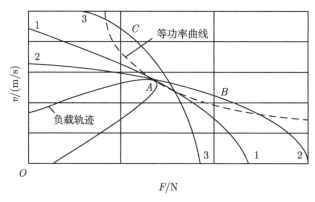

图 3-13 动力元件与负载的匹配

采用作图法求动力元件参数,需要作许多抛物线与负载轨迹相切,是比较麻烦的。为了简化作图,可以采用坐标变换将输出特性曲线变为直线,此时只需要将纵坐标取成速度的平方便能满足要求。

3.3.5 根据负载最佳匹配确定液压元件的参数

对某些比较简单的负载轨迹 (如上面介绍的各种典型的负载轨迹),可以利用负载的最佳匹配原则,采用解析法确定液压动力元件的参数。在阀的最大功率输出点有

$$F_{\mathrm{L}}^{*} = \frac{2}{3} A_{\mathrm{p}} P_{\mathrm{s}} \qquad (3\text{-}56)$$

$$v_{\mathrm{L}}^{*} = \frac{q_{0\mathrm{m}}}{\sqrt{3} A_{\mathrm{p}}} \qquad (3\text{-}57)$$

式中,F_{L}^{*}——最大功率点的负载力;

$\quad\ \ v_{\mathrm{L}}^{*}$——最大功率点的负载速度;

$\quad\ \ q_{0\mathrm{m}}$——阀最大空载流量。

在供油压力一定的情况下,可由上式得到活塞面积

$$A_{\mathrm{p}} = \frac{3}{2} \frac{F_{\mathrm{L}}^{*}}{p_{\mathrm{s}}} \qquad (3\text{-}58)$$

由式 (3-57) 求出最大空载流量为

$$q_{0\mathrm{m}} = v_{\mathrm{L}}^{*} \sqrt{3} A_{\mathrm{p}} \qquad (3\text{-}59)$$

通常需将阀的最大空载流量适当加大,以补偿泄漏、改善系统的控制性能,并为负载分析中考虑不周之处留有余地。

对于一些典型负载，可用解析法求出最大功率点的负载力 F_L^* 和负载速度 v_L^*。匹配好的液压缸面积 A_p 及阀结构的参数——节流口面积 Wx_v 值为

$$A_p = \frac{3v_{\max}m_t\omega}{2\sqrt{2p_s}} \tag{3-60}$$

$$Wx_v = \frac{2A_p^2\sqrt{\rho p_s}}{\sqrt{3}m_t\omega C_d} \tag{3-61}$$

思　考　题

1. 什么叫液压动力元件? 有哪些控制方式? 有几种基本组成类型?

2. 负载类型对液压动力元件的传递函数有什么影响?

3. 何谓液压弹簧刚度? 为什么要把液压弹簧刚度理解为动态刚度?

4. 液压固有频率和活塞位置有关，在计算系统稳定时，四通阀控制双作用液压缸应取活塞的什么位置? 为什么?

5. 为什么液压动力元件可以得到较大的固有频率?

6. 为什么说液压阻尼比 ξ_h 是一个 "软量"? 提高阻尼比的简单方法有哪几种? 它们各有什么优缺点?

7. 何谓液压动力元件的刚度? A_p^2/K_{ce} 代表什么意义?

8. 为什么把 K_v 称为速度放大系数? 速度放大系数的量纲是什么?

9. 何为负载匹配? 满足什么条件才算最佳匹配?

10. 如何根据最佳负载匹配确定动力元件参数?

11. 泵控液压马达系统有没有负载匹配问题? 满足什么条件才是泵控液压马达的最佳匹配?

12. 在长行程时，为什么不宜采用液压缸而采用液压马达?

习　题

1. 有一阀控液压马达系统，已知: 液压马达排量为 $D_m = 6\times10^{-6}\,\mathrm{m^3/rad}$，马达容积效率为 95%，额定流量为 $q_n = 6.66\times10^{-4}\,\mathrm{m^3/s}$，额定压力 $p_n = 14\mathrm{MPa}$，高低压腔总容积 $V_t = 3\times10^{-4}\,\mathrm{m^3}$。拖动纯惯性负载，负载转动惯量为 $J_t = 0.2\mathrm{kg\cdot m^2}$，阀的流量增益 $K_q = 4\mathrm{m^2/s}$，流量–压力系数 $K_c = 1.5\times10^{-16}\,\mathrm{m^3/(s\cdot Pa)}$。液体等效体积弹性模量 $\beta_e = 7\times10^8\,\mathrm{Pa}$。试求出以阀芯位移 x_v 为输入，液压马达转角 θ_m 为输出的传递函数。

2. 一泵控式速度控制执行油路如图所示。液压泵出口压力 $p_p = 21\mathrm{MPa}$，其机械效率 $\eta_{pj} = 0.9$，容积效率 $\eta_{pv} = 0.95$，泵的最大排量 $q_p = 15\mathrm{mL/r}$；液压马达的排量 $q_m = 15\mathrm{mL/r}$，其机械效率 $\eta_{mj} = 0.95$，容积效率 $\eta_{mv} = 0.9$，闭式回路内泵马达间的管路泄漏 $\Delta Q_L = 0.3\mathrm{L/min}$。试求:

(1) 液压泵转速为 1200 r/min 时，电机所需的功率 N_1；

(2) 液压泵的最大输出功率 N_2；

(3) 液压马达的输出转矩 T_m 和转速 n_m；

(4) 回路效率 η。

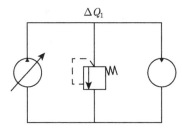

$$\Delta Q_1$$

第 2 题图　泵控马达速度执行回路

3. 阀控液压缸系统，液压缸面积 A_p =150×10^{-4}m^2，活塞行程 L =0.6m，阀至液压缸的连接管路长度 l = 1m，管路截面积 a = 1.77×10^{-4}m^2，负载质量 m_t =2000kg，阀的流量–压力系数 K_c =5.2×10^{-12}m^3/(s·Pa)。求液压固有频率 ω_h 和液压阻尼比 ξ_h。计算时，取 β_e = 7×10^{8}Pa，ρ = 870kg/m^3。

4. 变量泵控制定量马达的惯性负载为 J_t =2kg·m^2，高压侧油液总容积 V_0 = 2×10^{-3}m^3，泵及马达的总泄漏系数 C_t = 0.8×10^{-11}m^3/(s·Pa)，液体等效体积弹性模量 β_e = 7×10^{8}Pa，马达排量 D_m = 12×10^{-6}m^3/rad，马达机械效率 η_m =0.9，泵转速 ω_p =52.3rad/s。略去泵与马达间的沿程阻力损失，求此装置以马达转速 θ_m 为输出，以泵排量 D_p 为输入的传递函数。

5. 有一四边滑阀控制的双作用液压缸，直接拖动负载做简谐运动。已知：供油压力 p_s =14MPa，负载质量 m_t =150kg，负载位移规律为 $x_p = x_m \sin\omega t$，负载移动的最大振幅 x_{max} =0.08m，角频率 ω =40rad/s。试根据最佳负载匹配求液压缸面积 A_p 和四边阀的最大开面积 Wx_{vmax}。取 C_d =0.61，ρ = 870kg/m^3。

6. 变量泵控制定量马达拖动纯惯性负载做简谐运动。其运动规律为 $\theta_m = \theta_{mmax}\sin\omega t$，式中，$\theta_m$ 为负载角位移，θ_{mmax} 为负载角位移的振幅，ω 为角频率。变量泵的额定工作压力为 p_s，转速为 n_p，系统总泄漏系数为 C_t。设低压腔压力为零。根据负载匹配求泵的排量 D_p 和液压马达排量 D_m。

第**4**章　机液伺服系统

由机械反馈装置和液压动力元件组成的反馈控制系统称为机液伺服系统。机液伺服系统主要用来进行位置控制，也可以用来控制其他物理量，如原动机的转速控制等。机液伺服系统结构简单、工作可靠且容易维护，因而广泛地应用于飞机舵面操纵系统、车辆转向助力装置和仿型机床中。航空发动机中，传统带刚性反馈的液压放大机构就是典型的机液伺服系统，用于实现发动机转速的闭环控制，如图 4-1 所示。阀芯与离心飞重相连，液压缸活塞杆与柱塞泵斜盘相连，即图中的输出 y。平衡时，滑阀阀口关闭。当转速减小导致阀芯右移后，液压缸的活塞杆输出向右的位移，柱塞泵的斜盘角度增加，燃油量减小，转速上升，阀芯在离心飞重的作用下右移。同时通过反馈杆的连接，套筒的运动与活塞杆运动一致，即向右运动，由此导致滑阀节流窗口不断减小直至阀口关闭。该系统中，指令转速对应阀芯的初始位置，稳态时阀芯位移 x 与套筒位移 z 相等 (方向相同)，z 与 y 满足杠杆比，则阀芯位移 x 与

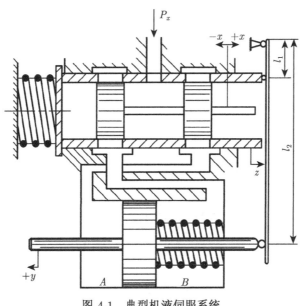

图 4-1　典型机液伺服系统

液压缸活塞 (也叫随动活塞) 输出 y 成比例。这里, 反馈元件是杠杆, 又有液压阀和液压缸组成的动力元件, 因此为一机液伺服系统。本章将结合第 3 章动力元件的传递函数, 建立典型机液伺服系统的传递函数, 分析其稳定性和主要参数对系统性能的影响。

4.1 机液位置伺服系统

机液位置伺服系统的原理图如图 4-2 所示。系统的动力元件由四边滑阀和双作用对称液压缸组成, 位置反馈是利用杠杆这一机械构件实现的。这是飞机上液压助力器的典型结构。

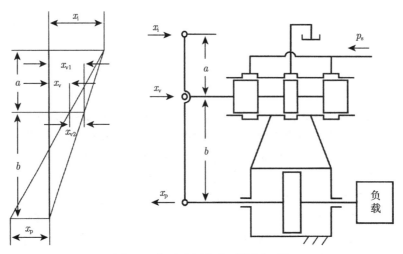

图 4-2 机液位置伺服系统原理图

4.1.1 系统方框图

输入位移 x_i 和输出位移 x_p 通过差动杆 AC 进行比较, 在 B 点给出偏差信号 (阀芯位移) x_v。在差动杆运动较小时, 阀芯位移 x_v 可由下式给出:

$$x_v = \frac{b}{a+b}x_i - \frac{a}{a+b}x_p = K_i x_i - K_f x_P \tag{4-1}$$

式中, K_i—— 输入放大系数, $K_i = \dfrac{b}{a+b}$;

K_f—— 反馈放大系数, $K_f = \dfrac{a}{a+b}$。

若没有弹性负载, 由第 3 章式 (3-17) 可知, 液压缸活塞输出位移为

$$X_p = \frac{\dfrac{K_q}{A_p}X_v - \dfrac{K_{ce}}{A_p^2}\left(\dfrac{V_t}{4\beta_e K_{ce}}s+1\right)F_L}{s\left(\dfrac{s^2}{\omega_h^2}+\dfrac{2\zeta_h}{\omega_h}s+1\right)} \tag{4-2}$$

由式 (4-1) 和式 (4-2) 可画出系统的方框图, 如图 4-3 所示。

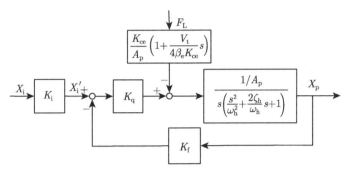

图 4-3　机液位置伺服系统方框图

4.1.2　系统稳定性分析

稳定性是控制系统正常工作的必要条件,因此它是系统最基本最重要的特性。液压伺服系统的动态分析和设计一般都是以稳定性要求为中心进行的。

令 $G(s)$ 为前向通道的传递函数,$H(s)$ 为反馈通道的传递函数。由图 4-3 所示方框图可得系统开环传递函数为

$$G(s)H(s) = \frac{K_\mathrm{v}}{s\left(\dfrac{s^2}{\omega_\mathrm{h}^2} + \dfrac{2\zeta_\mathrm{h}}{\omega_\mathrm{h}}s + 1\right)} \tag{4-3}$$

式中,K_v——开环放大系数 (也称速度放大系数),$K_\mathrm{v} = \dfrac{K_\mathrm{q}K_\mathrm{f}}{A_\mathrm{p}}$。

式 (4-3) 中含有一个积分环节,因此系统是 I 型伺服系统。

由式 (4-3) 可画出开环系统伯德图,如图 4-4 所示。在 $\omega < \omega_\mathrm{h}$ 时,低频渐近线是一条斜率为 $-20\mathrm{dB/dec}$ 的直线。而在 $\omega > \omega_\mathrm{h}$ 时,高频渐近线是一条斜率为 $-60\mathrm{dB/dec}$ 的直线。两条渐近线交点处的频率为液压固有频率 ω_h,在 ω_h 处的渐近频率特性的幅值为 $20\lg\dfrac{K_\mathrm{v}}{\omega_\mathrm{h}}$。

由于阻尼比 ζ_h 较小,在 ω_h 处出现一个谐振峰,其幅值为 $20\lg\dfrac{K_\mathrm{v}}{2\zeta_\mathrm{h}\omega_\mathrm{h}}$。在 ω_h 处的相角为 $-180°$。

为了使系统稳定,必须使相位裕量 γ 和增益裕量 $K_\mathrm{g}(\mathrm{dB})$ 均为正值。相位裕量是增益穿越频率 ω_c 处的相角 φ_c 与 180° 之和,即 $\gamma = 180° + \varphi_\mathrm{c}$。增益裕量是相位穿越频率 ω_g 处的增益的倒数,即 $K_\mathrm{g} = \dfrac{1}{|G(\mathrm{j}\omega_\mathrm{g})H(\mathrm{j}\omega_\mathrm{g})|}$,以 dB 表示时,$K_\mathrm{g}(\mathrm{dB}) = 20\lg K_\mathrm{g} = -20\lg|G(\mathrm{j}\omega_\mathrm{g})H(\mathrm{j}\omega_\mathrm{g})|$。对所讨论的系统而言,因为增益穿越频率 ω_c 处的斜率为 $-20\mathrm{dB/dec}$,所以相位裕量为正值,因此只要使增益裕量为正值,系统就可以稳定了。由于 $\omega_\mathrm{g} = \omega_\mathrm{h}$,所以有

$$-20\lg|G(\mathrm{j}\omega_\mathrm{h})H(\mathrm{j}\omega_\mathrm{h})| = -20\lg\frac{K_\mathrm{v}}{2\zeta_\mathrm{h}\omega_\mathrm{h}} > 0$$

由此得系统稳定条件为

$$\frac{K_\mathrm{v}}{2\zeta_\mathrm{h}\omega_\mathrm{h}} < 1 \tag{4-4}$$

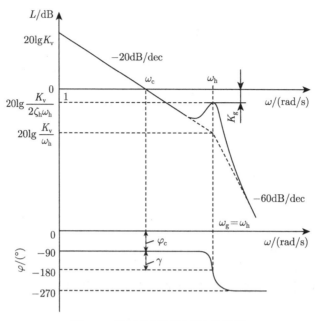

图 4-4　机液位置伺服系统伯德图

这个结果也可以由劳斯–赫尔维茨判据直接得出。闭环系统的特征方程为

$$G(s)H(s) + 1 = 0$$

将式 (4-3) 代入，则得

$$\frac{s^3}{\omega_h^2} + \frac{2\zeta_h}{\omega_h}s + s + K_v = 0$$

应用劳斯–赫尔维茨判据得系统稳定条件为

$$\frac{K_v}{\omega_h} < 2\zeta_h \ 或 \ K_v < 2\zeta_h\omega_h \tag{4-5}$$

式 (4-5) 表明，为了使系统稳定，速度放大系数 K_v 受液压固有频率 ω_h 和阻尼比 ζ_h 的限制。阻尼比 ζ_h 通常为 0.1~0.2，因此速度放大系数 K_v 被限制在液压固有频率 ω_h 的 20%~40% 的范围内，即

$$K_v < (0.2 \sim 0.4)\omega_h \tag{4-6}$$

在设计机液位置伺服系统时，可以把它作为一个经验法则。

由图 4-4 所示的伯德图可以看出，增益穿越频率近似等于开环放大系数，即

$$\omega_c \approx K_v \tag{4-7}$$

实际上 ω_c 稍大于 K_v，而系统的频宽又稍大于 ω_c。所以开环放大系数越大，系统的响应速度越快。另外，开环放大系数越大，系统的控制精度也越高。所以提高系统的响应速度和精度，就要提高开环放大系数，但要受稳定性限制。通常液压伺服系统是欠阻尼的，由于阻尼比小限制了系统的性能。所以提高阻尼比对改善系统性能来说是十分关键的。在机液伺服系

统中，增益的调整是很困难的。因此在系统设计时，开环放大系数的确定是很重要的。开环放大系数 K_v 取决于 K_f、K_q 和 A_p。在单位反馈系统中，K_v 仅由 K_q 和 A_p 决定，而 A_p 主要是由负载的要求确定的。因此，K_v 主要取决于 K_q，需要选择一个流量增益 K_q 合适的阀来满足系统稳定性的要求。

4.2　结构柔度对系统稳定性的影响

结构柔度包括固定执行元件的结构柔度、执行元件与负载间的连接机构的柔度或传动机构的柔度以及反馈机构的柔度等。在以前的分析中，没有考虑结构柔度的影响，把动力元件的负载看成集中参数表示的单弹簧单质量系统。实际中所碰到的大多数负载可以很好地近似看成这种简单的情况。但是在某些情况下，负载为几个集中质量以柔性结构相连接的二自由度或多自由度系统。如果结构刚度和液压弹簧刚度相当或者还要小时，将使系统的稳定性变坏，此时必须考虑结构柔度的影响。航空发动机中的动力元件大多固定在发动机外的机匣表面，机匣属于薄壁件，其连接刚度较小，连接处在重载及加速过程中极易受冲击而发生形变。另外，对于发动机尾喷管作动机构，液压作动筒输出端与驱动对象喷管收敛调节片之间还可能包括连杆、凸轮等传动机构，也存在相互连接，这些要素的柔度均会影响控制系统的稳定性及输出精度。因此，对于作动精度较高的液压作动器，需要考虑固定机构、连接机构及传动机构等的柔度对系统的影响。

4.2.1　基本方程与传递函数

考虑固定结构柔度和连接结构柔度后，液压缸与负载系统的简化图如图 4-5 所示。图中固定液压缸缸体的固定刚度以 K_{s1} 表示，活塞与负载的连接刚度以 K_{s2} 表示。

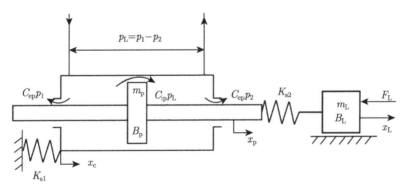

图 4-5　液压缸与负载系统简化图

阀的流量方程为

$$q_L = K_q X_v - K_c P_L \tag{4-8}$$

液压缸流量连续性方程为

$$Q_L = A_p s(X_p - X_c) + C_{tp} P_L + \frac{V_t}{4\beta_e} s P_L \tag{4-9}$$

活塞、缸体和负载的受力情况表示见图 4-6。由该图可以写出：

活塞的力平衡方程为

$$P_\mathrm{L} A_\mathrm{p} = m_\mathrm{p} s^2 X_\mathrm{p} + B_\mathrm{p}(s X_\mathrm{p} - s X_\mathrm{c}) + K_\mathrm{s2}(X_\mathrm{p} - X_\mathrm{L})$$

缸体的力平衡方程为

$$P_\mathrm{L} A_\mathrm{p} = -m_\mathrm{c} s^2 X_\mathrm{c} + B_\mathrm{p} s(X_\mathrm{p} - X_\mathrm{c}) - K_\mathrm{s1} X_\mathrm{c}$$

负载的力平衡方程为

$$K_\mathrm{s2}(X_\mathrm{p} - X_\mathrm{L}) = m_\mathrm{L} s^2 X_\mathrm{L} + B_\mathrm{L} s X_\mathrm{L} + F_\mathrm{L}$$

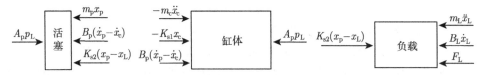

图 4-6 活塞、缸体和负载的受力情况

考虑结构柔度的影响时，通常都是在大惯量的功率伺服系统中。在这种情况下活塞的质量 m_p 及缸体质量 m_c 可以忽略。活塞的黏性阻尼系数 B_p 和负载的黏性阻尼系数 B_L 也较小，为了突出结构柔度的影响也忽略之。这样上述三个力平衡方程可以简化成

$$P_\mathrm{L} A_\mathrm{p} = K_\mathrm{s2}(X_\mathrm{p} - X_\mathrm{L})$$

$$K_\mathrm{s2}(X_\mathrm{p} - X_\mathrm{L}) = m_\mathrm{L} s^2 X_\mathrm{L} + F_\mathrm{L}$$

$$P_\mathrm{L} A_\mathrm{p} = -K_\mathrm{s1} X_\mathrm{c}$$

由以上三式求得

$$\begin{cases} P_\mathrm{L} = \dfrac{1}{A_\mathrm{p}} m_\mathrm{L} s^2 X_\mathrm{L} + \dfrac{F_\mathrm{L}}{A_\mathrm{p}} \\[2mm] X_\mathrm{p} = \left(\dfrac{m_\mathrm{L}}{K_\mathrm{s2}} s^2 + 1 \right) x_\mathrm{L} + \dfrac{F_\mathrm{L}}{K_\mathrm{s2}} \\[2mm] -X_\mathrm{c} = \dfrac{m_\mathrm{L}}{K_\mathrm{s1}} s^2 x_\mathrm{L} + \dfrac{F_\mathrm{L}}{K_\mathrm{s1}} \end{cases} \tag{4-10}$$

将式 (4-8)~ 式 (4-10) 联立，并加以整理得

$$\frac{K_\mathrm{q}}{A_\mathrm{p}} X_\mathrm{v} = \left[\left(\frac{V_\mathrm{t} m_\mathrm{L}}{4\beta_\mathrm{e} A_\mathrm{p}^2} + \frac{m_\mathrm{L}}{K_\mathrm{s1}} + \frac{m_\mathrm{L}}{K_\mathrm{s2}} \right) s^2 + \frac{K_\mathrm{ce} m_\mathrm{L}}{A_\mathrm{p}^2} + 1 \right] s X_\mathrm{L}$$
$$+ \left[\frac{K_\mathrm{ce}}{A_\mathrm{p}^2} + \left(\frac{V_\mathrm{t}}{4\beta_\mathrm{e} A_\mathrm{p}^2} + \frac{1}{K_\mathrm{s1}} + \frac{1}{K_\mathrm{s2}} \right) s \right] F_\mathrm{L} \tag{4-11}$$

令，ω_h—— 液压固有频率，$\omega_\mathrm{h} = \sqrt{\dfrac{4\beta_\mathrm{e} A_\mathrm{p}^2}{V_\mathrm{t} m_\mathrm{L}}} = \sqrt{\dfrac{K_\mathrm{h}}{m_\mathrm{L}}}$;

K_h—— 液压弹簧刚度，$K_\mathrm{h} = \dfrac{4\beta_\mathrm{e} A_\mathrm{p}^2}{V_\mathrm{t}}$;

ω_{s1}——固定结构的固有频率，$\omega_{s1} = \sqrt{\dfrac{K_{s1}}{m_L}}$；

ω_{s2}——连接结构的固有频率，$\omega_{s2} = \sqrt{\dfrac{K_{s2}}{m_L}}$；

ω_s——结构谐振频率，$\omega_s = \dfrac{\omega_{s1}\omega_{s2}}{\sqrt{\omega_{s1}^2 + \omega_{s2}^2}} = \sqrt{\dfrac{1}{\dfrac{m_L}{K_{s1}} + \dfrac{m_L}{K_{s2}}}} = \sqrt{\dfrac{K_s}{m_L}}$；

K_s——结构刚度，$\dfrac{1}{K_s} = \dfrac{1}{K_{s1}} + \dfrac{1}{K_{s2}}$；

ω_n——综合谐振频率，$\omega_n = \dfrac{\omega_h\omega_s}{\sqrt{\omega_h^2 + \omega_s^2}} = \sqrt{\dfrac{1}{\dfrac{m_L}{K_h} + \dfrac{m_L}{K_{s1}} + \dfrac{m_L}{K_{s2}}}} = \sqrt{\dfrac{K_n}{m_L}}$；

K_n——综合刚度，$\dfrac{1}{K_n} = \dfrac{1}{K_h} + \dfrac{1}{K_{s1}} + \dfrac{1}{K_{s2}}$；

ζ_n——综合阻尼比，$\zeta_n = \dfrac{K_{ce}m_L}{2A_p^2}\omega_n$。

由式 (4-11) 可以得到负载位移 X_L 对阀芯位移 X_v 的传递函数为

$$\frac{X_L}{X_v} = \frac{\dfrac{K_q}{A_p}}{s\left(\dfrac{s^2}{\omega_n^2} + \dfrac{2\zeta_n}{\omega_n}s + 1\right)} \tag{4-12}$$

由式 (4-10) 的第二个式可求得 X_L 对 X_p 的传递函数

$$\frac{X_L}{X_p} = \frac{1}{\dfrac{s^2}{\omega_{s2}^2} + 1} \tag{4-13}$$

根据式 (4-12) 和式 (4-13) 可求得活塞位移 X_p 对阀芯位移 X_v 的传递函数

$$\frac{X_p}{X_v} = \frac{\dfrac{K_q}{A_p}\left(\dfrac{s^2}{\omega_{s2}^2} + 1\right)}{s\left(\dfrac{s^2}{\omega_n^2} + \dfrac{2\zeta_n}{\omega_n}s + 1\right)} \tag{4-14}$$

从上面的分析可以看出，结构刚度与负载质量构成一个结构谐振系统。而结构谐振与液压谐振相互耦合，又形成一个液压-机械综合谐振系统。该系统的综合刚度 K_n 是液压弹簧刚度 K_h 和结构刚度 K_{s1}、K_{s2} 串联后的刚度，它小于液压弹簧刚度和结构刚度。所以综合谐振频率 ω_n 要比液压固有频率 ω_h 和结构谐振频率 ω_s 都低，从而限制了整个液压伺服系统的频带宽度。

4.2.2　考虑结构柔度的系统稳定性

从式 (4-12)~ 式 (4-14) 看出，反馈从负载端 X_L 取出或从活塞输出端 X_p 取出，其反馈所包围的环节是不同的，故反馈连结点与系统的性能有很大的关系。

1. 全闭环系统的稳定性

假定反馈从负载端 X_L 取出构成全闭环系统，如图 4-7 所示。开环系统的伯德图见图 4-8 曲线 a，此时系统的稳定条件为

$$K_v < 2\zeta_n\omega_n \tag{4-15}$$

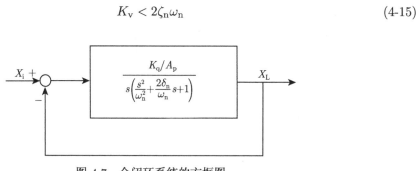

图 4-7   全闭环系统的方框图

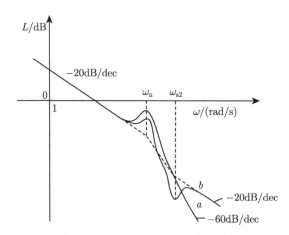

图 4-8   不同反馈连接的系统伯德图

系统的稳定性和频宽受综合谐振频率 ω_n 和综合阻尼比 ζ_n 限制。

对于惯性比较小和结构刚度比较大的伺服系统，往往是 $\omega_s \gg \omega_h$，因而可以认为液压固有频率就是综合谐振频率。此时系统的稳定性由液压固有频率 ω_h 和液压阻尼比 ζ_h 限制。有些大惯量伺服系统，往往是 $\omega_s \ll \omega_h$。在这种情况下，综合谐振频率就近似等于结构谐振频率，结构谐振频率成为限制整个液压伺服系统频宽的主要因素。此时继续提高液压固有频率，对提高综合谐振频率没有什么显著效果，而必须提高结构刚度。当结构谐振频率和液压固有频率接近时，结构谐振的影响就不能忽略了。此时，为了提高系统的稳定性，必须设法提高综合谐振频率与综合阻尼比。

2. 半闭环系统的稳定性

如果反馈从活塞输出端 X_p 引出构成半闭环系统，其方框图如图 4-9 所示。此时系统开环传递函数中含有二阶微分环节，当谐振频率 ω_{s2} 与综合谐振频率 ω_n 靠得很近时，如 $\omega_s \ll \omega_h$ 的情况，反谐振二阶微分环节对综合谐振有一个对消作用，使综合谐振峰值减小，

如图 4-8 曲线 b 所示，从而改善了系统的稳定性。

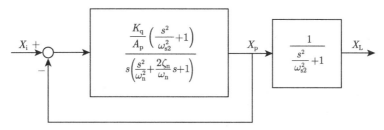

图 4-9　半闭环系统的方框图

系统的闭环传递函数为

$$\frac{X_{\mathrm{p}}}{X_{\mathrm{v}}} = \frac{K_{\mathrm{v}}\left(\dfrac{s^2}{\omega_{\mathrm{s2}}^2} + 1\right)}{\dfrac{s^3}{\omega_{\mathrm{n}}^2} + \left(\dfrac{2\zeta_{\mathrm{n}}}{\omega_{\mathrm{n}}} + \dfrac{K_{\mathrm{v}}}{\omega_{\mathrm{s2}}^2}\right)s^2 + s + K_{\mathrm{v}}}$$

根据劳斯–赫尔维茨判据，系统稳定条件为

$$K_{\mathrm{v}} < 2\zeta_{\mathrm{n}}\omega_{\mathrm{n}}\frac{1}{1 - \left(\dfrac{\omega_{\mathrm{n}}}{\omega_{\mathrm{s2}}}\right)^2} \tag{4-16}$$

可以看出，半闭环系统的稳定性比全闭环系统的稳定性好得多。但半闭环系统的精度一般来说要比全闭环系统低。

3. 提高综合谐振频率和综合阻尼比的方法

如上所述，由于结构柔度的影响，产生了结构谐振与液压谐振的耦合，使系统出现了一个频率低、阻尼比小的综合谐振。综合谐振频率 ω_{n} 和综合阻尼比 ζ_{n} 常常成为影响系统稳定性和限制系统频宽的主要因素，因此提高 ω_{n} 和 ζ_{n} 具有重要意义。

1) 提高综合谐振频率 ω_{n} 的途径

首先应提高结构谐振频率 ω_{s}。提高结构刚度、减小负载质量 (或惯量)，可以提高结构谐振频率。但负载质量 (或惯量) 由负载特性决定，所以要提高结构刚度，即提高安装固定刚度和传动机构的刚度。在带有传动机构的负载系统中，对等效结构刚度影响最大的是靠近负载处的结构刚度。因为该处的结构刚度折算到液压执行元件输出端的等效刚度的传动比最大。所以要特别注意提高靠近负载处的结构刚度。提高 ω_{n} 的另一个途径是增大执行元件到负载的传动比。这时 K_{s2} 和 m_{L} 同时降低，使 ω_{s2} 不变。但传动比增大使折算到执行元件输出端的等效负载质量 (或等效负载惯量) 减小，提高了液压固有频率，从而提高了综合谐振频率。若负载结构参数不变，也可以通过提高液压弹簧刚度的办法来提高液压固有频率。

2) 提高综合阻尼比 ζ_{n} 的途径

综合阻尼比主要由阀提供，可以采用增大 K_{ce} 的办法提高 ζ_{n}。对于这种共振性的负载，更常用的方法是在液压缸两腔之间连接一个机–液瞬态压力反馈网络，或采用压力反馈或动压反馈伺服阀。在系统中附加电的压力反馈或压力微分反馈网络也可起到同样的作用。

以上讨论了安装固定刚度和连接刚度对系统稳定性的影响。在机液伺服系统中，反馈机构的刚度不够也会降低系统的稳定性。

4.3　动压反馈装置

液压伺服系统往往是欠阻尼的，液压阻尼比小直接影响到系统的稳定性、响应速度和精度，因此提高阻尼比，对改善系统性能是十分重要的。在第 3 章已介绍过，在液压缸两腔之间设置旁路泄漏通道，或采用正开口滑阀都可以增加系统的阻尼，但增加了功率损失，降低了系统的静刚度。采用动压反馈可以有效地提高阻尼比，而又避免了上述缺点。因此，动压反馈是液压伺服系统中最常用的增加阻尼的方法。

动压反馈装置是由液阻和液容组成的压力微分网络。图 4-10 所示的动压反馈装置是由层流液阻和空气蓄能器组成的，分别接在液压缸的进出口。下面先推导它的传递函数。

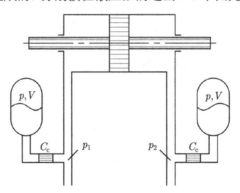

图 4-10　液阻加空气蓄能器的动压反馈装置

层流液阻的流量方程为

$$q_{d1} = C_c(p_1 - p) \tag{4-17}$$

式中，q_{d1}—— 通过液阻的流量；

C_c—— 液阻的层流液导；

p_1—— 液阻的进口压力；

p—— 液阻的出口压力。

设空气蓄能器按等温过程变化，则有

$$pV = p_0V_0$$

式中，p_0—— 初始状态的压力；

V_0—— 初始状态的空气容积。

由上式可以得到

$$\frac{\mathrm{d}V}{\mathrm{d}t} = p_0V_0\left(-\frac{1}{p^2}\right)\frac{\mathrm{d}p}{\mathrm{d}t}$$

在压力变化不大的情况下，$p \approx p_0$，则有

$$\frac{\mathrm{d}V}{\mathrm{d}t} = -\frac{V_0}{p_0}\frac{\mathrm{d}p}{\mathrm{d}t} \tag{4-18}$$

由流量连续性方程得

$$q_{d1} = \frac{dV}{dt}$$

将式 (4-17) 和式 (4-18) 代入上式得

$$C_c(p_1 - p) = \frac{V_0}{p_0}\frac{dp}{dt}$$

由上式的拉普拉斯变换求得

$$P = \frac{1}{1 + \dfrac{V_0}{C_c p_0}s}P_1$$

代入式 (4-17) 的拉普拉斯变换式可得

$$q_{d1} = \frac{\dfrac{V_0}{p_0}s}{1 + \dfrac{V_0}{C_c p_0}s}P_1 \tag{4-19}$$

同理得

$$q_{d2} = \frac{\dfrac{V_0}{p_0}s}{1 + \dfrac{V_0}{C_c p_0}s}P_2 \tag{4-20}$$

由式 (4-19) 减式 (4-20) 得到

$$q_{d1} - q_{d2} = \frac{V_0}{p_0}\frac{s}{1 + \dfrac{V_0}{C_c p_0}s}(P_1 - P_2)$$

假设一个管道的压力升高值等于另一个管道的压力降低值，则有 $q_{d1} = -q_{d2} = q_d$，故上式可以写成

$$q_d = \frac{V_0}{2p_0}\frac{s}{1 + \dfrac{V_0}{C_c p_0}s}P_L \tag{4-21}$$

由式 (4-21) 可得传递函数为

$$G_d(s) = \frac{Q_d}{P_L} = \frac{C_c}{2}\frac{\tau_d s}{1 + \tau_d s} \tag{4-22}$$

式中，τ_d—— 时间常数，$\tau_d = V_0/(C_c p_0)$。

式 (4-22) 表明，动压反馈装置是一个压力微分环节。

图 4-11 所示的动压反馈装置是由液阻和弹簧活塞蓄能器组成的，并联在液压缸的进出口之间。

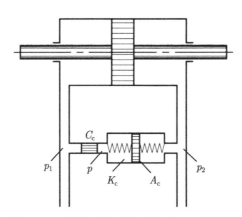

图 4-11 液阻加弹簧蓄能器的动压反馈装置

层流液阻的流量方程为

$$q_\mathrm{d} = C_\mathrm{c}(p_1 - p)$$

弹簧活塞蓄能器的流量为

$$q_\mathrm{d} = A_\mathrm{c}\frac{\mathrm{d}x_\mathrm{c}}{\mathrm{d}t}$$

蓄能器活塞的力平衡方程为

$$A_\mathrm{c}(p - p_2) = K_\mathrm{c}x_\mathrm{c}$$

式中，K_c—— 蓄能器的总弹簧刚度；

x_c—— 活塞位移。

由以上三个方程联立消去 p、x_c，可得

$$q_\mathrm{d} + \frac{A_\mathrm{c}^2}{C_\mathrm{c}K_\mathrm{c}}\frac{\mathrm{d}q_\mathrm{d}}{\mathrm{d}t} = \frac{A_\mathrm{c}^2}{K_\mathrm{c}}\frac{\mathrm{d}p_\mathrm{L}}{\mathrm{d}t}$$

或

$$Q_\mathrm{d} = \frac{\frac{A_\mathrm{c}^2}{K_\mathrm{c}}s}{1 + \frac{A_\mathrm{c}^2}{C_\mathrm{c}K_\mathrm{c}}s}P_\mathrm{L} \tag{4-23}$$

传递函数为

$$G_\mathrm{d}(s) = \frac{Q_\mathrm{d}}{P_\mathrm{L}} = C_\mathrm{c}\frac{\tau_\mathrm{c}s}{1 + \tau_\mathrm{c}s} \tag{4-24}$$

式中，τ_c—— 时间常数，$\tau_\mathrm{c} = \dfrac{A_\mathrm{c}^2}{C_\mathrm{c}K_\mathrm{c}}$。

比较式 (4-22)、式 (4-24)，可以看出它们的形式是相同的，因此其作用也是一样的。上述动压反馈装置是一种廉价、可靠、有效的阻尼装置，能获得 0.5~0.8 的合适阻尼比。

下面讨论动压反馈装置对伺服系统性能的改善。

阀的线性化流量方程为

$$Q_\mathrm{L} = K_\mathrm{q}X_\mathrm{v} - K_\mathrm{c}P_\mathrm{L} \tag{4-25}$$

液压缸的流量连续性方程为

$$Q_{\mathrm{L}} = A_{\mathrm{p}} s X_{\mathrm{p}} + [C_{\mathrm{tp}} + G_{\mathrm{d}}(s)] P_{\mathrm{L}} + \frac{V_{\mathrm{t}}}{4\beta_{\mathrm{e}}} s P_{\mathrm{L}} \tag{4-26}$$

式中，$G_{\mathrm{d}}(s)$—— 动压反馈装置的传递函数。

液压缸与负载的力平衡方程，这里主要是为了说明动压反馈的作用，故假定负载只有惯性力

$$A_{\mathrm{p}} P_{\mathrm{L}} = m_{\mathrm{t}} s^2 X_{\mathrm{p}} \tag{4-27}$$

由式 (4-25)～ 式 (4-27) 可得

$$K_{\mathrm{q}} X_{\mathrm{v}} = A_{\mathrm{p}} s X_{\mathrm{p}} + [C_{\mathrm{tp}} + K_{\mathrm{c}} + G_{\mathrm{d}}(s)] \frac{m_{\mathrm{t}}}{A_{\mathrm{p}}} s^2 X_{\mathrm{p}} + \frac{V_{\mathrm{t}} m_{\mathrm{t}}}{4\beta_{\mathrm{e}} A_{\mathrm{p}}^2} s^3 X_{\mathrm{p}} \tag{4-28}$$

由式 (4-28) 和式 (4-24) 可画出系统的方框图，如图 4-12 所示。可以看出，采用动压反馈装置以后，产生了压力微分反馈的作用。由式 (4-28) 可得系统的传递函数

$$\frac{X_{\mathrm{p}}}{X_{\mathrm{v}}} = \frac{\dfrac{K_{\mathrm{q}}}{A_{\mathrm{p}}}}{s\left(\dfrac{s^2}{\omega_{\mathrm{h}}^2} + \dfrac{2\zeta_{\mathrm{h}}}{\omega_{\mathrm{h}}} s + 1\right)} \tag{4-29}$$

式中，ω_{h}—— 液压固有频率，$\omega_{\mathrm{h}} = \sqrt{\dfrac{4\beta_{\mathrm{e}} A_{\mathrm{p}}^2}{V_{\mathrm{t}} m_{\mathrm{t}}}}$；

ζ_{h}—— 阻尼比，$\zeta_{\mathrm{h}} = \dfrac{K_{\mathrm{ce}}}{A_{\mathrm{p}}} \sqrt{\dfrac{\beta_{\mathrm{e}} m_{\mathrm{t}}}{V_{\mathrm{t}}}} + \dfrac{G_{\mathrm{d}}(s)}{A_{\mathrm{p}}} \sqrt{\dfrac{\beta_{\mathrm{e}} m_{\mathrm{t}}}{V_{\mathrm{t}}}}$。

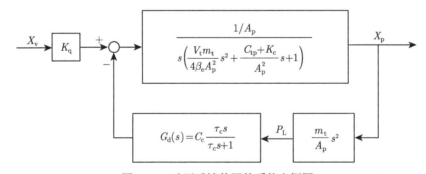

图 4-12　动压反馈装置的系统方框图

采用动压反馈装置以后，所得到的传递函数式 (4-29) 的形式虽然没有什么变化，但其中的阻尼比却增加了一项

$$\frac{G_{\mathrm{d}}(s)}{A_{\mathrm{p}}} \sqrt{\frac{\beta_{\mathrm{e}} m_{\mathrm{t}}}{V_{\mathrm{t}}}} = \frac{C_{\mathrm{c}}}{A_{\mathrm{p}}} \frac{\tau_{\mathrm{c}} s}{1 + \tau_{\mathrm{c}} s} \sqrt{\frac{\beta_{\mathrm{e}} m_{\mathrm{t}}}{V_{\mathrm{t}}}}$$

在稳态情况下，它趋于零，因此对稳态性能不会产生影响。在动态过程中，随着负载的变化而产生附加的阻尼作用，而且负载压力变化越厉害，其阻尼作用也越大。在这种系统中，可以使 K_{ce} 尽量小，以便提高系统的静刚度。而系统的稳定性可由动压反馈来保证，这就可以同时满足静态特性和动态特性两方面的要求。

下面研究动压反馈装置的参数选择问题。对于图 4-11 所示的动压反馈装置, 所产生的附加阻尼比为

$$\zeta_h' = \frac{C_c}{A_p}\sqrt{\frac{\beta_e m_t}{V_t}}\frac{\tau_c s}{1 + \tau_c s} = K_d\frac{\tau_c s}{1 + \tau_c s}$$

式中, $K_d = \dfrac{C_c}{A_p}\sqrt{\dfrac{\beta_e m_t}{V_t}}$。

其幅频特性和相频特性分别为

$$|\zeta_h'(\omega)| = K_d\sqrt{\frac{(\tau_c^2\omega^2)^2 + (\tau_c\omega)^2}{(\tau_c^2\omega^2 + 1)^2}}$$

$$\angle\zeta_h'(\omega) = \arctan\frac{\tau_c\omega/(\tau_c^2\omega^2 + 1)}{\tau_c^2\omega^2/(\tau_c^2\omega^2 + 1)} = \arctan\frac{1}{\tau_c\omega}$$

设计动压反馈装置的关键在于正确选择时间常数 τ_c, 使其在谐振频率 ω_h 处产生所需要的阻尼比, 同时又使阻尼项的相位移接近于零, 即

$$|\zeta_h'(\omega_h)| = K_d\sqrt{\frac{(\tau_c^2\omega_h^2)^2 + (\tau_c\omega_h)^2}{(\tau_c^2\omega_h^2 + 1)^2}}$$

$$\angle\zeta_h'(\omega_h) = \arctan\frac{1}{\tau_c\omega_h} \approx 0$$

要使 $\angle\zeta_h'(\omega_h) \to 0$, 应使 $\tau_c\omega_h \geqslant 10$, 或

$$\tau_c = \frac{A_c^2}{C_c K_c} \geqslant \frac{10}{\omega_h} \tag{4-30}$$

即动压反馈装置的时间常数 τ_c 应为 $1/\omega_h$ 的 10 倍以上。当 $\tau_c\omega_h \geqslant 10$ 时, 附加阻尼比的大小可近似为

$$|\zeta_h'(\omega_h)| \approx K_d = \frac{C_c}{A_p}\sqrt{\frac{\beta_e m_t}{V_t}} \tag{4-31}$$

在动力元件参数已定的情况下, $|\zeta_h'(\omega_h)|$ 由液阻的液导 C_c 决定。根据需要的 $|\zeta_h'(\omega_h)|$ 的大小, 就可以确定 C_c 值。将 ω_h 的表示式代入式 (4-30) 求得 C_c 的表达式, 再将其代入式 (4-31) 可得

$$\frac{A_c^2}{V_t}\frac{\beta_e}{K_c} \geqslant 5|\zeta_h'(\omega_h)| \tag{4-32}$$

式 (4-32) 可用来选择计算 A_c 和 K_c。

对于图 4-10 所示的动压反馈装置, 当

$$\tau_d = \frac{V_0}{C_0 K_0} \geqslant \frac{10}{\omega_h} \tag{4-33}$$

时, 附加的阻尼比可近似为

$$|\zeta_h'(\omega_h)| \approx \frac{C_c}{2A_p}\sqrt{\frac{\beta_e m_t}{V_t}} \tag{4-34}$$

利用式 (4-34) 可确定液阻的液导 C_c。将 ω_h 的表示式和由式 (4-33) 求出的 C_c 表达式代入式 (4-34) 可得

$$\frac{V_0}{V_\mathrm{t}}\frac{\beta_\mathrm{e}}{p_0} \geqslant 10\,|\zeta'_\mathrm{h}(\omega_\mathrm{h})| \tag{4-35}$$

式中，$p_0 \approx \dfrac{p_\mathrm{s}}{2}$，利用式 (4-35) 可确定 V_0。

4.4　液压转矩放大器

4.4.1　结构原理

液压转矩放大器是一种带机械反馈的液压伺服机构，如图 4-13 所示。它由四边滑阀、液压马达和螺杆、螺母反馈机构三部分组成。输入转角 θ_v 经阀芯端部的螺杆螺母副变成阀芯位移 x_v，使阀芯与阀套间形成开口，控制进出液压马达的压力油的流动方向和流量，液压马达轴按相应的方向转动。液压马达轴的转角 θ_m 带动反馈螺母旋转，通过螺杆使阀芯移动复位。这样，液压马达轴完全跟踪阀芯输入转角而转动。但是液压马达的输出力矩要比转动阀芯所需要的输入力矩大得多，所以把这种装置叫作液压转矩放大器。液压转矩放大器由步进电动机通过减速轮驱动，就构成了电液步进马达。液压马达的转角与输入的脉冲数成比例，而其转速与输入的脉冲频率成比例。电液步进马达在开环数字程序控制机床中得到过广泛应用，在航空发动机数控燃油计量装置中也有应用，但一般基于 RVDT 实现闭环转角控制，感兴趣的读者可参阅相关书籍。

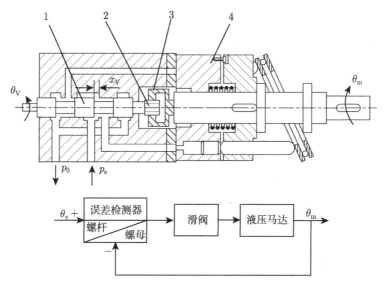

图 4-13　液压转矩放大器结构原理图

1. 滑阀；2. 螺杆；3. 反馈螺母；4. 液压马达

4.4.2 方框图及传递函数

液压转矩放大器输入转角 θ_v、输出转角 θ_m 和滑阀阀芯位移 x_v 之间的关系为

$$x_v = \frac{t}{2\pi}(\theta_v - \theta_m) \tag{4-36}$$

式中，t—— 螺杆导程。

滑阀阀芯位移 x_v 至液压马达轴输出转角 θ_m 之间的传递函数，可由第 3 章阀控液压马达的分析直接写出。假设以惯性负载为主，传递函数为

$$\frac{\theta_m}{X_v} = \frac{\dfrac{K_q}{D_m}}{s\left(\dfrac{s^2}{\omega_h^2} + \dfrac{2\zeta_h}{\omega_h}s + 1\right)} \tag{4-37}$$

式中，ω_h—— 液压固有频率，$\omega_h = \sqrt{\dfrac{4\beta_e D_m^2}{V_t J_t}}$；

ζ_h—— 液压阻尼比，$\zeta_h = \dfrac{K_{ce}}{D_m}\sqrt{\dfrac{\beta_e J_t}{V_t}}$。

由式 (4-36) 和式 (4-37) 可画出液压转矩放大器的方框图，如图 4-14 所示。

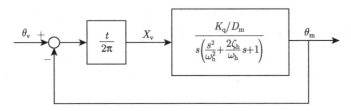

图 4-14 液压转矩放大器方框图

根据方框图可写出液压转矩放大器的开环传递函数为

$$G(s)H(s) = \frac{K_v}{s\left(\dfrac{s^2}{\omega_h^2} + \dfrac{2\zeta_h}{\omega_h}s + 1\right)} \tag{4-38}$$

式中，K_v—— 开环放大系数，$K_v = \dfrac{tK_q}{2\pi D_m}$。

液压转矩放大器的闭环传递函数为

$$\phi(s) = \frac{G(s)}{1+G(s)H(s)} = \frac{1}{\dfrac{s^3}{K_v\omega_h^2} + \dfrac{2\zeta_h}{K_v\omega_h}s^2 + \dfrac{s}{K_v} + 1} \tag{4-39}$$

4.4.3 液压转矩放大器稳定性计算举例

已知液压转矩放大器方框图如图 4-14 所示。其参数如下，试进行稳定性校验。

滑阀面积梯度 $W = 6.8 \times 10^{-3}$m，流量系数 $C_d = 0.65$，油液密度 $\rho = 880\text{kg/m}^3$，供油压力 $p_s = 6.2 \times 10^6\text{Pa}$，油液体积弹性模量 $\beta_e = 6.9 \times 10^8\text{Pa}$，反馈螺杆导程 $t = 3 \times 10^{-3}\text{m/r}$，

液压马达排量 $D_{\rm m} = 4.33 \times 10^{-6}{\rm m}^3/{\rm rad}$，负载惯量 $J_{\rm t} = 1.37 \times 10^{-2}{\rm kg\cdot m}^2$，受压腔总容积 $V_{\rm t} = 5.5 \times 10^{-5}{\rm m}^3$。

液压转矩放大器的开环传递函数为

$$G(s)H(s) = \cfrac{K_{\rm v}}{s\left(\cfrac{s^2}{\omega_{\rm h}^2} + \cfrac{2\zeta_{\rm h}}{\omega_{\rm h}}s + 1\right)}$$

式中

$$K_{\rm v} = \frac{tK_{\rm q}}{2\pi D_{\rm m}} = \frac{t}{2\pi D_{\rm m}}C_{\rm d}W\sqrt{\frac{p_{\rm s}}{\rho}}$$

$$= \frac{3 \times 10^{-3} \times 0.65 \times 6.8 \times 10^{-3}}{2\pi \times 4.33 \times 10^{-6}}\sqrt{\frac{6.2 \times 10^6}{880}}{\rm rad/s} = 40.9{\rm rad/s}$$

$$\omega_{\rm h} = \sqrt{\frac{4\beta_{\rm e}D_{\rm m}^2}{V_{\rm t}J_{\rm t}}} = \sqrt{\frac{4 \times 6.9 \times 10^8 \times (4.33 \times 10^{-6})^2}{1.37 \times 10^{-2} \times 5.5 \times 10^{-5}}}{\rm rad/s} = 263{\rm rad/s}$$

取液压阻尼比 $\zeta_{\rm h} = 0.3$。于是，液压转矩放大器的开环传递函数为

$$G(s)H(s) = \cfrac{40}{s\left(\cfrac{s^2}{263^2} + \cfrac{2 \times 0.3}{263}s + 1\right)}$$

液压转矩放大器开环伯德图如图 4-15 所示。

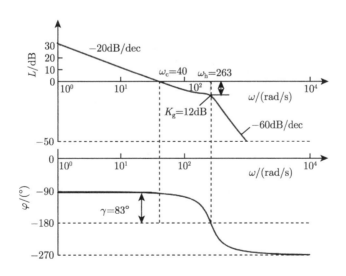

图 4-15　液压转矩放大器开环伯德图

由于 $K_{\rm v} = 40{\rm rad/s}$，$2\zeta_{\rm h}\omega_{\rm h} = 2 \times 0.3 \times 263{\rm rad/s} = 157.8{\rm rad/s}$，则 $K_{\rm v} < 2\zeta_{\rm h}\omega_{\rm h}$，故系统是稳定的。从伯德图中看到，增益裕量为 12dB，相位裕量为 83°。

思 考 题

1. 什么是机液伺服系统? 机液伺服系统有什么优缺点?

2. 为什么常把机液位置伺服系统称作放大器或助力器?

3. 为什么机液位置伺服系统的稳定性、响应速度和控制精度由液压动力元件的特性所决定?

4. 为什么在机液位置伺服系统中, 阀流量增益的确定很重要?

5. 低阻尼对液压伺服系统的动态特性有什么影响? 如何提高系统的阻尼? 这些方法各有什么优缺点?

6. 考虑结构刚度的影响时, 如何从物理意义上理解综合刚度?

7. 考虑连接刚度时, 反馈连接点对系统的稳定性有什么影响?

8. 以航空发动机机械液压控制的典型转速闭环系统为例, 分析反馈杆刚度及其与随动活塞及滑阀阀套间隙对系统稳定性的影响。

9. 为什么机液伺服系统多用在精度和响应速度要求不高的场合?

习 题

1. 如图所示的机液位置伺服系统, 供油压力 $p_s = 2\mathrm{MPa}$, 滑阀面积梯度 $W = 2 \times 10^{-2}\mathrm{m}$, 液压缸面积 $A_p = 2 \times 10^{-3}\mathrm{m}^2$, 液压固有频率 $\omega_h = 320\mathrm{rad/s}$, 阻尼比 $\zeta_h = 0.2$。则增益裕量为 6dB 时反馈杠杆比 $K_f = \dfrac{l_1}{l_2}$ 为多少? 取 $C_d = 0.62$, $\rho = 870\mathrm{kg/m}^3$。

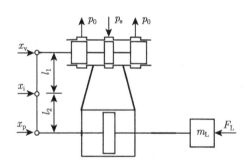

第 1 题图 机液位置伺服系统图

2. 某阀控缸为动力元件的负反馈机液位置伺服系统开环传递函数为

$$G(s)H(s) = \cfrac{1}{\dfrac{s^3}{102400} + \dfrac{s^2}{5120} + 0.0625s}$$

(1) 试计算系统的液压固有频率 ω_h 和液压阻尼比 ζ_h;

(2) 判定系统是否稳定。

3. 如图所示机液位置伺服系统, 阀的流量增益为 K_q, 流量-压力系数 K_c, 活塞面积 A_p, 活塞杆与负载连接刚度 K_s, 负载质量 m_L, 总压缩容积 V_t, 油的体积弹性模量 β_e, 阀的输入位移 x_i, 活塞输出位移 x_p, 求系统稳定阀流量增益需满足的条件。

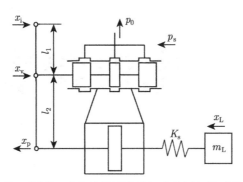

第 3 题图　考虑连接刚度的机液位置伺服系统

4. 机液位置伺服系统如图 4-2 所示。其中，$a = 3\text{cm}$，$b = 5\text{cm}$，供油压力 $p_s = 21\text{MPa}$，滑阀面积梯度 $W = 2 \times 10^{-2}\text{m}$，液压缸面积 $A_p = 2 \times 10^{-3}\text{m}^2$，液压固有频率 $\omega_h = 320\text{rad/s}$，增益裕量为 6dB，试确定 K_f 及系统的阻尼系数 ζ_h；若输入为一固定位移 $x_i = 2.4 \times 10^{-2}\text{m}$，则稳态时液压缸的输出 $x_p(\infty)$ 为多少？

第5章 电液控制阀

电液伺服阀既是电液转换元件，又是功率放大元件。它能够将输入的微小电气信号转换为大功率的液压信号 (流量与压力) 输出。根据输出液压信号的不同，电液伺服阀可分为电液流量控制伺服阀和电液压力控制伺服阀两大类。

在电液伺服系统中，电液伺服阀将系统的电气部分与液压部分连接起来，实现电、液信号的转换与放大以及对液压执行元件的控制。电液伺服阀是电液伺服系统的关键部件，它的性能及正确使用，直接关系到整个系统的控制精度和响应速度，也直接影响到系统工作的可靠性和寿命。

电液伺服阀控制精度高、响应速度快，是一种高性能的电液控制元件，在液压伺服系统中得到广泛的应用。航空发动机中，电液伺服阀是最为关键的核心控制元件，通过接收电子控制器的电信号而输出相应的燃油量，实现电气和燃油 (液压) 的转换与放大。此外，高速电磁阀也是一种常用的电液控制阀。例如，航空发动机中的导叶角度调节机构常基于改变高速电磁阀占空比实现对风扇进口导叶或压气机静子叶片角度的调节。本章将就这两种典型电液控制阀进行介绍。

5.1 电液伺服阀的组成及分类

5.1.1 电液伺服阀的组成

电液伺服阀通常由力矩马达 (或力马达)、液压放大器、反馈机构 (或平衡机构) 三部分组成。

力矩马达或力马达的作用是把输入的电气控制信号转换为力矩或力，控制液压放大器运动。而液压放大器的运动又去控制液压能源流向液压执行机构的流量或者压力。力矩马达或力马达的输出力矩或力很小，在阀的流量比较大时，无法直接驱动功率级阀运动，此时需要增加液压前置级，将力矩马达或力马达的输出加以放大，再去控制功率级阀，这就构成二级或三级电液伺服阀。第一级的结构形式有单喷嘴挡板阀、双喷嘴挡板阀、滑阀、射流管阀或射流元件等。功率级几乎都采用滑阀。

在第二级或三级电液伺服阀中，通常采用反馈机构将输出级 (功率级) 的阀芯位移、输出流量、输出压力以位移、力或电信号的形式反馈到第一级或第二级的输入端，也有反馈到力矩马达衔铁组件或力矩马达输入端。平衡机构一般用于单级伺服阀或二级弹簧对中式伺服阀。平衡机构通常采用各种弹性元件，是一个力–位移转换元件。

伺服阀输入级采用的反馈机构或平衡机构是为了使伺服阀的输出流量或输出压力获得与输入电气控制信号成比例的特性。反馈机构的存在，使伺服阀本身成为一个闭环控制系统，提高了伺服阀的控制性能。

5.1.2　电液伺服阀的分类

电液伺服阀的结构形式很多，可按不同的分类方法进行分类。

1. 按液压放大器的级数分类

电液伺服阀可分为单级、两级和三级电液伺服阀。

单级伺服阀，此类阀结构简单、价格低廉，但由于力矩马达或力马达输出力矩或力小、定位刚度低，阀的输出流量有限，对负载动态变化敏感，阀的稳定性在很大程度上取决于负载动态，容易产生不稳定状态。此类阀只适用于低压、小流量和负载动态变化不大的场合。

两级伺服阀，此类阀克服了单级伺服阀的缺点，是最常用的形式。

三级伺服阀，此类阀通常由一个两级伺服阀作前置级控制第三级功率滑阀，功率级滑阀阀芯位移通过电气反馈形成闭环控制，实现功率级滑阀阀芯的定位。三级伺服阀通常只用在大流量 (200L/min 以上) 的场合。

2. 按第一级阀的结构形式分类

电液伺服阀可分为滑阀放大器、单喷嘴挡板阀、双喷嘴挡板阀、射流管阀和偏转板射流阀。

滑阀放大器，此类阀作为第一级，其优点是流量增益和压力增益高，输出流量大，对油液清洁度要求低。其缺点是结构工艺复杂，阀芯受力较大，阀的分辨率较低、滞环较大，响应慢。

单喷嘴挡板阀，此类阀因特性不好很少作第一级使用，多采用双喷嘴挡板阀。双喷嘴挡板阀挡板轻巧灵敏，动态响应快，双喷嘴挡板阀结构对称，双输入差动工作，压力灵敏度高，特性线性度好，温度和压力零漂小，挡板受力小，所需输入功率小。其缺点是喷嘴与挡板间的间隙小，易堵塞，抗污染能力差，对油液清洁度要求高。

射流管阀，此类阀作第一级的最大优点是抗污染能力强。射流管阀的最小通流尺寸较喷嘴挡板阀和滑阀大，不易堵塞，抗污染性好。另外，射流管阀压力效率和容积效率高，可产生较大的控制压力和流量，提高了功率级滑阀的驱动力，使功率级滑阀的抗污染能力增强。射流喷嘴堵塞时，滑阀也能自动处于中位，具有 "失效对中" 能力。其缺点是射流管阀特性不易预测，射流管惯性大、动态响应较慢，性能受油温变化的影响较大，低温特性稍差。

3. 按反馈形式分类

电液伺服阀可分为滑阀位置反馈、负载流量反馈和负载压力反馈三种。

所采用的反馈形式不同,伺服阀的稳定压力-流量特性也不同,如图 5-1 所示。利用滑阀位置反馈和负载流量反馈得到的是流量控制伺服阀,阀的输出流量 q_L 与输入电流 Δi 成比例。利用负载压力反馈得到的是压力控制伺服阀,阀的输出压力与输入电流成比例。负载流量与负载压力反馈伺服阀由于结构比较复杂使用得比较少,而滑阀位置反馈伺服阀用得最多。

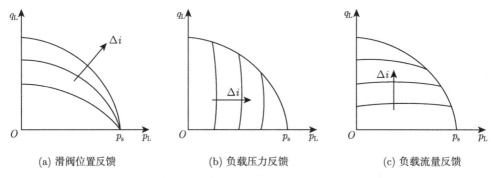

图 5-1　不同反馈形式伺服阀的压力-流量曲线

滑阀位置反馈,此类阀又可分为位置力反馈、直接位置反馈、机械位置反馈、位置电反馈与弹簧对中式。

有关位置力反馈与直接位置反馈伺服阀本书不作介绍。机械位置反馈是将功率级滑阀的位移通过机械机构反馈到前置级,位置电反馈是通过位移传感器将功率级滑阀的位移反馈到伺服放大器的输入端,实现功率级滑阀阀芯定位。

弹簧对中式靠功率级滑阀阀芯两端的对中弹簧与前置级产生的液压控制力相平衡,实现滑阀阀芯的定位,阀芯位置属于开环控制。这种伺服阀结构简单,但精度较低。

负载压力反馈,此类阀又可分为静压反馈和动压反馈两种。通过静压反馈可以得到压力控制伺服阀和压力-流量伺服阀,通过动压反馈可以得到动压反馈伺服阀。

4. 按力矩马达是否浸泡在油中分类

电液伺服阀可分为湿式和干式两种。

湿式电液伺服阀可使力矩马达受到油液的冷却,但油液中存在的铁污物使力矩马达特性变坏。干式电液伺服阀则有可使力矩马达不受油液污染的特点,目前的伺服阀仍以干式为主。

5.2　力　矩　马　达

在电液伺服阀中力矩马达的作用是将电信号转换为机械运动,因而是一个电气-机械转换器。电气-机械转换器是利用电磁原理工作的,它由永久磁铁或激磁线圈产生极化磁场,电气控制信号通过控制线圈产生控制磁场,两个磁场之间相互作用产生与控制信号成比例并能反映控制信号极性的力或力矩,从而使其运动部分产生直线位移或角位移的机械运动。

5.2.1　力矩马达的分类及要求

1. 力矩马达的分类

(1) 根据可动件的运动形式可分为：直线位移式和角位移式，前者称为力马达，后者称为力矩马达。

(2) 按可动件结构形式可分为：动铁式和动圈式两种。前者可动件是衔铁，后者可动件是控制线圈。

(3) 按极化磁场产生的方式可分为：非激磁式、固定电流激磁式和永磁式三种。非激磁式力矩马达没有专门的激磁线圈，两个控制线圈差动连接，利用常值电流产生极化磁通。永磁式力矩马达利用永久磁铁建立极化磁通，其特点是结构简单、体积小和重量轻，但能获得的极化磁通较小。固定电流激磁式力矩马达利用固定电流通过激磁线圈建立极化磁场，可获得较大的极化磁通，但需要有单独的激磁电源，结构复杂、体积大。

2. 对力矩马达的要求

力矩马达作为阀的驱动装置，其应具备以下特性：

(1) 能够产生足够的输出力和行程，同时体积小、重量轻。

(2) 动态性能好、响应速度快。

(3) 直线性好、死区小、灵敏度高和磁滞小。

(4) 在某些使用情况下，应抗振、抗冲击、不受环境温度和压力等影响。

5.2.2　永磁动铁式力矩马达

图 5-2 为一种常用的永磁动铁式力矩马达工作原理图，它由永久磁铁 7、上导磁体 2、下导磁体 5、衔铁 4、控制线圈、弹簧管 6 等组成。衔铁固定在弹簧管上端，由弹簧管支承在上、下导磁体的中间位置，可绕弹簧管的转动中心做微小的转动。衔铁两端与上、下导磁体(磁极) 形成 4 个工作气隙 ①、②、③、④。两个控制线圈套在衔铁之上。上、下导磁体除作为磁极之外，还为永久磁铁产生的极化磁通和控制线圈产生的控制磁通提供磁路。

永久磁铁将上、下导磁体磁化，一个为 N 极，另一个为 S 极。无信号电流时，即 $i_1 = i_2$，衔铁在上、下导磁体的中间位置，由于力矩马达结构是对称的，永久磁铁在 4 个工作气隙中产生的极化磁通是一样的，使衔铁两端所受的电磁吸力相同，力矩马达无力矩输出。当有信号电流流过线圈时，控制线圈产生控制磁通，其大小和方向取决于信号电流的大小和方向。假设 $i_1 > i_2$，如图 5-2 所示，在气隙 ①、③ 中控制磁通与极化磁通方向相同，而在气隙 ②、④ 中控制磁通与极化磁通方向相反。因此，气隙 ①、③ 中的合成磁通大于气隙 ②、④ 中的合成磁通，于是在衔铁上产生顺时针方向的电磁力矩，使衔铁绕弹簧管转动中心顺时针方向转动。当弹簧管变形产生的反力矩与电磁力矩平衡时，衔铁停止转动。如果信号电流反向，则电磁力矩也反向。衔铁向反方向转动，电磁力矩大小与信号电流的大小成比例，衔铁的转角也与信号电流成比例。

可以通过磁路分析求出力矩马达的电磁力矩计算公式。假定力矩马达的两个控制线圈由一个推挽放大器 1 供电，如图 5-2 所示。放大器中的常值电压 E_b 在每个控制线圈中产生的常值电流 I_0 大小相等方向相反，因此在衔铁上不产生电磁力矩。当放大器有输入电压 u_g

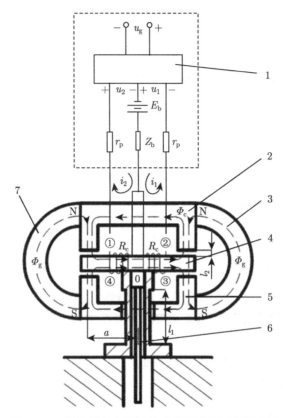

图 5-2　一种常见的永磁动铁式力矩马达工作原理图

1. 放大器；2. 上导磁体；3. 永久磁铁；4. 衔铁；5. 下导磁体；6. 弹簧管；7. 永久磁铁

将使一个控制线圈中的电流增加，另一个控制线圈中的电流减小，两个线圈中的电流分别为

$$i_1 = I_0 + i \tag{5-1}$$

$$i_2 = I_0 - i \tag{5-2}$$

式中，i_1、i_2—— 每个线圈中的电流；

　　I_0—— 每个线圈中的常值电流；

　　i—— 每个线圈中的信号电流。两个线圈中的差动电流为

$$\Delta i = i_1 - i_2 = 2i = i_c \tag{5-3}$$

差动电流 Δi 即输入力矩马达的控制电流 i_c，在衔铁中产生的控制磁通以及由此产生的电磁力矩比例于差动电流。

　　由式 (5-3) 可以看出，每个线圈中的信号电流 i 是差动电流 Δi 的 1/2，而常值电流 I_0 通常大约是差动电流最大值的 1/2。因此，当放大器的输入信号最大时，在力矩马达的一个线圈中的电流将接近为零，而另一个线圈中的电流将是最大的差动电流值。

　　图 5-3(a) 表示力矩马达的磁路原理图。假定磁性材料和非工作气隙的磁阻可以忽略不计，只考虑 4 个工作气隙的磁阻，则力矩马达的磁路可用图 5-3(b) 所示的等效磁路表示。

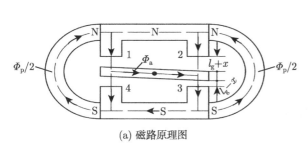 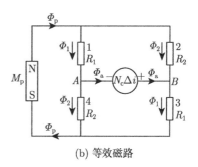

(a) 磁路原理图　　　　　　　　　　　　(b) 等效磁路

图 5-3　力矩马达磁路原理图

当衔铁处于中位时，每个工作气隙的磁阻为

$$R_{\mathrm{g}} = \frac{l_{\mathrm{g}}}{\mu_0 A_{\mathrm{g}}} \tag{5-4}$$

式中，l_{g}——磁铁在中位时每个气隙的长度；

　　　A_{g}——磁极面的面积；

　　　μ_0——空气磁导率，$\mu_0 = 4\pi \times 10^{-7}\mathrm{Wb/mA}$。

衔铁偏离中位时的气隙磁阻为

$$R_1 = \frac{l_{\mathrm{g}} - x}{\mu_0 A_{\mathrm{g}}} = R_{\mathrm{g}}\left(1 - \frac{x}{l_{\mathrm{g}}}\right) \tag{5-5}$$

$$R_2 = \frac{l_{\mathrm{g}} + x}{\mu_0 A_{\mathrm{g}}} = R_{\mathrm{g}}\left(1 + \frac{x}{l_{\mathrm{g}}}\right) \tag{5-6}$$

式中，R_1——气隙 ①、③ 的磁阻；

　　　R_2——气隙 ②、④ 的磁阻；

　　　x——衔铁端部 (磁极面中心) 偏离中位的位移。

由于磁路是对称的桥式磁路，故通过对角线气隙的磁通是相等的。对包含气隙 ①、③、极化磁动势 M_{p} 和控制磁动势 $N_{\mathrm{c}}\Delta i$ 的闭合回路，应用磁路的基尔霍夫第二定律可得气隙 ①、③ 的合成磁通为

$$\Phi_1 = \frac{M_{\mathrm{p}} + N_{\mathrm{c}}\Delta i}{2R_1} = \frac{M_{\mathrm{p}} + N_{\mathrm{c}}\Delta i}{2R_{\mathrm{g}}(1 - x/l_{\mathrm{g}})} \tag{5-7}$$

对气隙 ②、④ 可得合成磁通为

$$\Phi_2 = \frac{M_{\mathrm{p}} - N_{\mathrm{c}}\Delta i}{2R_2} = \frac{M_{\mathrm{p}} - N_{\mathrm{c}}\Delta i}{2R_{\mathrm{g}}(1 + x/l_{\mathrm{g}})} \tag{5-8}$$

式中，M_{p}——永久磁铁产生的极化磁动势；

　　　$N_{\mathrm{c}}\Delta i$——控制电流产生的控制磁动势；

　　　N_{c}——每个控制线圈的匝数。

利用衔铁在中位时的极化磁通 Φ_{g} 和控制磁通 Φ_{c} 表示 M_{p} 和 $N_{\mathrm{c}}\Delta i$ 更为方便，此时式 (5-7)、式 (5-8) 可写成

$$\Phi_1 = \frac{\Phi_{\mathrm{g}} + \Phi_{\mathrm{c}}}{1 - x/l_{\mathrm{g}}} \tag{5-9}$$

$$\Phi_2 = \frac{\Phi_g - \Phi_c}{1 + x/l_g} \tag{5-10}$$

式中，Φ_g—— 衔铁在中位时气隙的极化磁通。

$$\Phi_g = \frac{M_p}{2R_g} \tag{5-11}$$

式中，Φ_c—— 衔铁在中位时气隙的控制磁通。

$$\Phi_c = \frac{N_c \Delta i}{2R_g} \tag{5-12}$$

衔铁在磁场中所受电磁吸引力 F 可按麦克斯韦公式计算，即

$$F = \frac{\Phi^2}{2\mu_0 A_g} \tag{5-13}$$

式中，Φ—— 气隙中的磁通；

A_g—— 磁极面的面积。

由控制磁通和极化磁通相互作用在磁铁上产生的电磁力矩为

$$T_d = 2a(F_1 - F_4)$$

式中，a—— 衔铁转动中心到磁极面中心的距离；

F_1、F_4—— 气隙 ①、④ 处的电磁吸力。考虑到气隙 ②、③ 处也产生同样的电磁力矩，所以乘以 2。根据式 (5-13)，电磁力矩可进一步写成

$$T_d = \frac{a}{\mu_0 A_g}(\Phi_1^2 - \Phi_2^2) \tag{5-14}$$

将式 (5-9) 和式 (5-10) 代入式 (5-14)，并考虑到衔铁转角 θ 很小，故有 $\tan\theta = \dfrac{x}{a} \approx \theta, x \approx a\theta$，则式 (5-14) 可以写为

$$T_d = \frac{\left(1 + \dfrac{x^2}{l_g^2}\right) K_t \Delta i + \left(1 + \dfrac{\Phi_c^2}{\Phi_g^2}\right) K_m \theta}{\left(1 - \dfrac{x^2}{l_g^2}\right)^2} \tag{5-15}$$

式中，K_t—— 力矩马达的中位电磁力矩系数，

$$K_t = 2\frac{a}{l_g} N_c \Phi_g \tag{5-16}$$

K_m—— 力矩马达的中位磁弹簧刚度，

$$K_m = 4\left(\frac{a}{l_g}\right)^2 R_g \Phi_g^2 \tag{5-17}$$

从式 (5-15) 可以看出，力矩马达的输出力矩具有非线性。为了改善线性度和防止衔铁被永久磁铁吸附，力矩马达一般都是设计成 $x/l_g < 1/3$，即 $(x/l_g)^2 \ll 1$ 和 $(\Phi_c/\Phi_g)^2 \ll 1$。则式 (5-15) 可简化为

$$T_d = K_t \Delta i + K_m \theta \tag{5-18}$$

式中，$K_t \Delta i$ 为衔铁在中位时，由控制电流 Δi 产生的电磁力矩，称为中位电磁力矩；$K_m \theta$ 是衔铁偏离中位时，气隙发生变化而产生的附加电磁力矩，它使衔铁进一步偏离中位。这个力矩与转角成比例，相似于弹簧的特性，称为电磁弹簧力矩。

在进行力矩马达力矩分析时，将要用到衔铁上的磁通，在此先求出衔铁上的磁通表达式。

在图 5-3 中，对分支点 A 或 B 应用磁路基尔霍夫第一定律可得衔铁磁通

$$\Phi_a = \Phi_1 - \Phi_2$$

将式 (5-9) 和式 (5-10) 代入上式，整理后得

$$\Phi_a = \frac{2\Phi_a(x/l_g) + 2\Phi_c}{1 - (x/l_g)^2}$$

由于 $(x/l_g)^2 \ll 1$，故上式可简化为

$$\Phi_a = 2\Phi_g \frac{x}{l_g} + \frac{N_c}{R_g}\Delta i \tag{5-19}$$

考虑到 $x \approx a\theta$，式 (5-19) 可写为

$$\Phi_a = 2\Phi_g \frac{a}{l_g}\theta + \frac{N_c}{R_g}\Delta i \tag{5-20}$$

5.2.3　永磁动圈式力马达

图 5-4 为一种常见的永磁动圈式力马达的结构原理图。力马达的可动线圈悬置于工作气隙中，永久磁铁在工作气隙中形成极化磁通，当控制电流加到线圈上时，线圈就会受到电磁力的作用而运动。线圈的运动方向可根据磁通方向和电流方向按左手定则判断。线圈上的电磁力克服弹簧力和负载力，使线圈产生一个与控制电流成比例的位移。

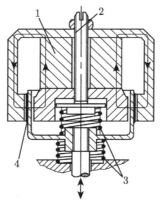

图 5-4　一种常见的永磁动圈式力马达结构原理图
1. 永久磁铁；2. 调整螺钉；3. 平衡弹簧；4. 动圈

由于电流方向与磁通方向垂直，根据载流导体在均匀磁场中所受电磁力公式，可得力马达线圈所受电磁力为

$$F = B_g \pi D N_c i_c = K_t i_c \tag{5-21}$$

式中，F—— 线圈所受的电磁力；

　　　　B_g—— 工作气隙中的磁感应强度；

　　　　D—— 线圈的平均直径；

　　　　N_c—— 控制线圈的匝数；

　　　　i_c—— 通过线圈的控制电流；

　　　　K_t—— 电磁力系数，$K_t = B_g \pi D N_c$。

由式 (5-21) 可见，力马达的电磁力与控制电流成正比，具有线性特性。在动圈式力马达的力方程中没有磁弹簧刚度，即 $G_m = 0$。这是因为它在工作中气隙没有变化，即气隙的磁阻不变。

5.2.4　动铁式力矩马达和动圈式力马达的比较

动铁式力矩马达和动圈式力马达相比较有如下区别：

(1) 动铁式力矩马达因磁滞影响而引起的输出位移滞后比动圈式力马达大。

(2) 动圈式力马达的线性范围比动铁式力矩马达宽。因此，动圈式力马达的工作行程大，而动铁式力矩马达的工作行程小。

(3) 在同样的惯性下，动铁式力矩马达的输出力矩大，而动圈式力马达的输出力小。动铁式力矩马达因输出力矩大，支承弹簧刚度可以取得大，使衔铁组件的固有频率高，而动圈式力马达的弹簧刚度小，动圈组件的固有频率低。

(4) 减小工作气隙的长度可提高动铁式力矩马达和动圈式力马达的灵敏度。但动圈式力马达受动圈尺寸的限制，而动铁式力矩马达受静不稳定的限制。

(5) 在相同功率情况下，动圈式力马达比动铁式力矩马达体积大，但动圈式力马达的造价低。

综上所述，在要求频率高、体积小、重量轻的场合，多采用动铁式力矩马达，而在尺寸要求不严格、频率要求不高、又希望价格低的场合，往往采用动圈式力马达。

5.3　力反馈两级电液伺服阀

力反馈两级电液伺服阀的结构原理图如图 5-5 所示，这是目前广泛应用的一种结构形式。其第一级液压放大器为双喷嘴挡板阀，由永磁动铁式力矩马达控制，第二级液压放大器为四通滑阀，阀芯位移通过反馈杆与衔铁挡板组件相连，构成滑阀位移力反馈回路。

5.3.1　工作原理

无控制电流时，衔铁由弹簧管支承在上、下导磁体的中间位置，挡板也处于两个喷嘴的中间位置，滑阀阀芯在反馈杆小球的约束下处于中位，阀无液压输出。当有差动控制电流 $\Delta i = i_1 - i_2$ 输入时，在衔铁上产生逆时针方向的电磁力矩，使衔铁挡板组件绕弹簧转动中心逆时针方向偏转，弹簧管和反馈杆产生变形，挡板偏离中位。这时，喷嘴挡板阀右间隙减小而左间隙增大，引起滑阀右腔控制压力 p_{2p} 增大，左腔控制压力 p_{1p} 减小，推动滑阀阀芯左移。同时带动反馈杆端部小球左移，使反馈杆进一步变形。当反馈杆和弹簧管变形产生的反力矩与电磁力矩平衡时，衔铁挡板组件便处于一个平衡位置。在反馈杆端部左移进一步变

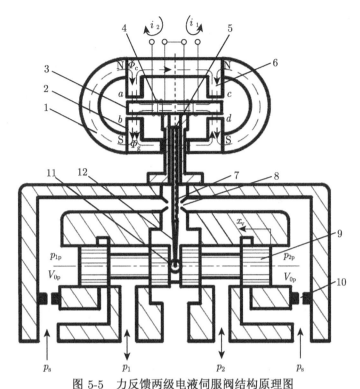

图 5-5　力反馈两级电液伺服阀结构原理图

1. 永久磁铁；2. 下导磁体；3. 衔铁；4. 线圈；5. 弹簧管；6. 上导磁体；7. 挡板；8. 喷嘴；9. 滑阀；
10. 固定节流孔；11. 钢球；12. 反馈杆

形时，使挡板的偏移减小，趋于中位。这使控制压力 p_{2p} 降低，p_{1p} 增加，当阀芯两端的液压力与反馈杆变形对阀芯产生的反作用力以及滑阀的液动力平衡时，阀芯停止运动，其位移与控制电流成比例。在负载压差一定时，阀的输出流量也与控制电流成比例，所以这是一种流量控制伺服阀。

这种伺服阀由于衔铁和挡板均在中位附近工作，所以线性好，对力矩马达的线性要求也不高，可以允许滑阀有较大的工作行程。

5.3.2　基本方程与方框图

1. 力矩马达运动方程

力矩马达工作时包含两个动态过程，一个是电的动态过程，另一个是机械的动态过程。电的动态过程可用电路的基本电压方程表示，机械的动态过程可用衔铁挡板组件的运动方程表示。

1) 基本电压方程

参看图 5-2。推挽工作时，输入每个线圈的信号电压为

$$u_1 = u_2 = K_u u_g \tag{5-22}$$

式中，u_1、u_2 —— 输入每个线圈的信号电压；

$\qquad K_u$ —— 放大器每边的增益；

$\qquad u_g$ —— 输入放大器的信号电压。

每个线圈回路的电压平衡方程为

$$E_b + u_1 = i_1 \left(Z_b + R_c + r_p \right) + i_2 Z_b + N_c \frac{\mathrm{d}\Phi_a}{\mathrm{d}t} \tag{5-23}$$

$$E_b - u_2 = i_2 \left(Z_b + R_c + r_p \right) + i_1 Z_b - N_c \frac{\mathrm{d}\Phi_a}{\mathrm{d}t} \tag{5-24}$$

式中，E_b—— 产生常值电流所需的电压；

Z_b—— 线圈公用边的阻抗；

R_c—— 每个线圈的电阻；

r_p—— 每个线圈回路中的放大器内阻；

N_c—— 每个线圈的匝数；

Φ_a—— 衔铁磁通。

由式 (5-23) 减去式 (5-24)，并将式 (5-22) 和式 (5-3) 代入，则得

$$2K_u u_g = \left(R_c + r_p \right) \Delta i + 2N_c \frac{\mathrm{d}\Phi_a}{\mathrm{d}t} \tag{5-25}$$

这就是力矩马达电路的基本电压方程。它表明，经放大器放大后的控制电压 $2K_u u_g$ 一部分消耗在线圈电阻和放大器内阻上，另一部分用来克服衔铁磁通变化在控制线圈中产生的反电动势。

将衔铁磁通表达式 (5-20) 代入式 (5-25)，得力矩马达电路基本电压方程的最后形式

$$2K_u u_g = \left(R_c + r_p \right) \Delta i + 2K_b \frac{\mathrm{d}\theta}{\mathrm{d}t} + 2L_c \frac{\mathrm{d}\Delta i}{\mathrm{d}t}$$

其拉普拉斯变换式为

$$2K_u U_g = \left(R_c + r_p \right) \Delta I + 2K_b s\theta + 2L_c s\Delta I \tag{5-26}$$

式中，K_b—— 每个线圈的反电动势常数，

$$K_b = 2\frac{a}{l_g} N_c \Phi_g \tag{5-27}$$

L_c—— 每个线圈的自感系数，

$$L_c = \frac{N_c^2}{R_g} \tag{5-28}$$

方程式左边为放大器加在线圈的总控制电压，右边第一项为电阻上的电压降，第二项为衔铁运动时在线圈内产生的反电动势，第三项是线圈内电流变化所引起的感应电动势。它包括线圈的自感和两个线圈之间的互感。由于两个线圈对信号电流 i 来说是串联的，并且是紧密耦合的，因此互感等于自感，每个线圈的总电感为 $2L_c$。

式 (5-26) 可以改写为

$$\Delta I = \frac{2K_u U_g}{\left(R_c + r_p \right) \left(1 + \dfrac{s}{\omega_a} \right)} - \frac{2K_b s\theta}{\left(R_c + r_p \right) \left(1 + \dfrac{s}{\omega_a} \right)} \tag{5-29}$$

式中，ω_a—— 控制线圈回路的转折频率，

$$\omega_{\mathrm{a}} = \frac{R_{\mathrm{c}} + r_{\mathrm{p}}}{2L_{\mathrm{c}}} \tag{5-30}$$

2) 衔铁挡板组件的运动方程

由式 (5-18) 可知，力矩马达输出的电磁力矩为

$$T_{\mathrm{d}} = K_{\mathrm{t}}\Delta i + K_{\mathrm{m}}\theta \tag{5-31}$$

在电磁力矩的作用下，衔铁挡板组件的运动方程为

$$T_{\mathrm{d}} = J_{\mathrm{a}}\frac{\mathrm{d}^2\theta}{\mathrm{d}t^2} + B_{\mathrm{a}}\frac{\mathrm{d}\theta}{\mathrm{d}t} + K_{\mathrm{a}}\theta + T_{\mathrm{L1}} + T_{\mathrm{L2}} \tag{5-32}$$

式中，J_{a}—— 衔铁挡板组件的转动惯量；

$\quad\quad B_{\mathrm{a}}$—— 衔铁挡板组件的黏性阻尼系数；

$\quad\quad K_{\mathrm{a}}$—— 弹簧管刚度；

$\quad\quad T_{\mathrm{L1}}$—— 喷嘴对挡板的液流力产生的负载力矩；

$\quad\quad T_{\mathrm{L2}}$—— 反馈杆变形对衔铁挡板组件产生的负载力矩。

衔铁挡板组件的受力情况如图 5-6 所示。作用在挡板上的液流力对衔铁挡板组件产生的负载力矩为

$$T_{\mathrm{L1}} = rp_{\mathrm{Lp}}A_{\mathrm{N}} - r^2\left(8\pi C_{\mathrm{df}}^2 p_{\mathrm{s}} x_{\mathrm{f0}}\right)\theta \tag{5-33}$$

式中，r—— 喷嘴中心至弹簧管回转中心 (弹簧管薄壁部分的中心) 的距离；

$\quad\quad p_{\mathrm{Lp}}$—— 两个喷嘴腔的负载压差；

$\quad\quad A_{\mathrm{N}}$—— 喷嘴孔的面积；

$\quad\quad C_{\mathrm{df}}$—— 喷嘴与挡板间的流量系数；

$\quad\quad x_{\mathrm{f0}}$—— 喷嘴与挡板间的零位间隙。

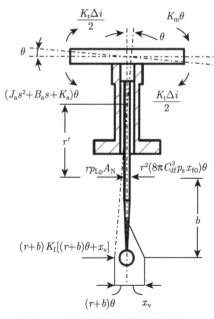

图 5-6　衔铁挡板组件受力情况

反馈杆变形对衔铁挡板组件产生的负载力矩为

$$T_{L2} = (r+b)\,K_f\,[(r+b)\,\theta + x_v]\tag{5-34}$$

式中，b—— 反馈杆小球中心到嘴喷中心的距离；

K_f—— 反馈杆刚度；

x_v—— 阀芯位移。

将式 (5-31)~ 式 (5-34) 合并，经拉普拉斯变换得到衔铁挡板组件的运动方程为

$$K_t\Delta I = \left(J_a s^2 + B_a s + K_{mf}\right)\theta + (r+b)\,K_f X_v + rp_{Lp}A_N\tag{5-35}$$

式中，K_{mf}—— 力矩马达的总刚度 (综合刚度)，

$$K_{mf} = K_{an} + (r+b)^2\,K_f\tag{5-36}$$

K_{an}—— 力矩马达的净刚度，

$$K_{an} = K_a - K_m - 8\pi C_{df}^2 p_s x_{f0} r^2\tag{5-37}$$

式 (5-35) 可改写为

$$\theta = \frac{\dfrac{1}{K_{mf}}}{\dfrac{s^2}{\omega_{mf}^2} + \dfrac{2\zeta_{mf}}{\omega_{mf}}s + 1}\left[K_t\Delta I - K_f\,(r+b)\,X_v - rA_N p_{Lp}\right]\tag{5-38}$$

式中，ω_{mf}—— 力矩马达的固有频率，

$$\omega_{mf} = \sqrt{\frac{K_{mf}}{J_a}}\tag{5-39}$$

ζ_{mf}—— 力矩马达的机械阻尼比，

$$\zeta_{mf} = \frac{B_a}{2\sqrt{J_a K_{mf}}}\tag{5-40}$$

2. 挡板位移与衔铁转角的关系

$$X_f = r\theta\tag{5-41}$$

3. 喷嘴挡板至滑阀的传递函数

忽略阀芯移动受到的黏性阻尼力、稳态液动力和反馈杆弹簧力，则挡板位移至滑阀位移的传递函数为

$$\frac{X_v}{X_f} = \frac{\dfrac{K_{qp}}{A_v}}{s\left(\dfrac{s^2}{\omega_{hp}^2} + \dfrac{2\zeta_{hp}}{\omega_{hp}}s + 1\right)}\tag{5-42}$$

式中，K_{qp}—— 喷嘴挡板阀的流量增益；

A_v—— 滑阀阀芯端面面积；

ω_{hp}—— 滑阀的液压固有频率，$\omega_{hp} = \sqrt{\dfrac{2\beta_e A_v^2}{V_{0p} m_v}}$；

ζ_{hp}—— 滑阀的液压阻尼比，

$$\zeta_{hp} = \frac{K_{cp}}{A_v} \sqrt{\frac{\beta_e m_v}{2V_{0p}}};$$

式中，V_{0p}—— 滑阀一端所包含的容积；

K_{cp}—— 喷嘴挡板阀的流量–压力系数；

m_v—— 滑阀阀芯及油液的归化质量。

4. 阀控液压缸的传递函数

喷嘴挡板阀的负载压力 p_{Lp}，其大小与滑阀受力情况有关。滑阀受力包括惯性力、稳态液动力等，而稳态液动力又与滑阀输出的负载压力有关，即与液压执行元件的运动有关。为此要写出动力元件的运动方程。

为简单起见，动力元件的负载只考虑惯性，则阀芯位移至液压缸位移的传递函数为

$$\frac{X_p}{X_v} = \frac{\dfrac{K_q}{A_p}}{s\left(\dfrac{s^2}{\omega_h^2} + \dfrac{2\zeta_h}{\omega_h}s + 1\right)} \tag{5-43}$$

5. 作用在挡板上的压力反馈

略去滑阀阀芯运动时所受的黏性阻尼力和反馈杆弹簧力，只考虑阀芯的惯性力和稳态液动力，则喷嘴挡板阀的负载压力为

$$p_{Lp} = \frac{1}{A_v}\left[m_v \frac{\mathrm{d}^2 x_v}{\mathrm{d}t^2} + 0.43W\left(p_s - p_L\right)x_v\right]$$

上式中的稳态液动力是 p_L 和 x_v 两个变量的函数，需将上式在 x_{v0} 和 p_{L0} 处线性变化。因液压缸的负载为纯惯性，所以在稳态时的 $p_{L0} = 0$，则得线性化增量方程的拉普拉斯变换形式为

$$P_{Lp} = \frac{1}{A_v}\left(m_v s^2 X_v + 0.43W p_s X_v - 0.43W X_{v0} P_L\right) \tag{5-44}$$

滑阀负载压力为

$$P_L = \frac{1}{A_p} m_t s^2 X_p \tag{5-45}$$

由式 (5-59)、式 (5-38)、式 (5-41)～ 式 (5-45) 可画出力反馈两级电液伺服阀的方框图，如图 5-7 所示。

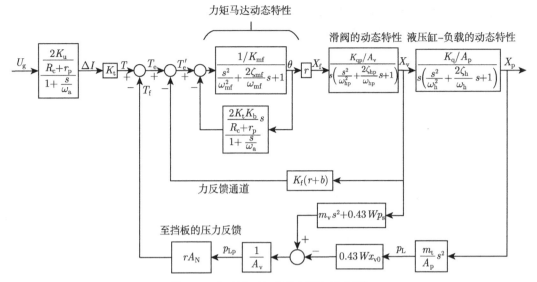

图 5-7　力反馈两级电液伺服阀方框图

5.3.3　力反馈伺服阀的稳定性分析

由图 5-7 可见，伺服阀的方框图包含两个反馈回路，一个是滑阀位移的力反馈回路，这是个主要回路，另一个是作用在挡板上的压力反馈回路，这是个次要回路。这两个回路都存在稳定性问题，下面分别加以研究。

1. 力反馈回路的稳定性分析

力反馈两级伺服阀的性能主要由力反馈回路决定。由图 5-7 可见，力反馈回路包含力矩马达和滑阀两个动态环节。首先求出力矩马达小闭环的传递函数。为避免伺服放大器特性对伺服阀特性的影响，通常采用电流负反馈伺服放大器，以使控制线圈回路的转折频率 ω_a 很高，$1/\omega_a \approx 0$，则力矩马达小闭环的传递函数为

$$\phi_1(s) = \frac{\theta}{T_e'} = \frac{1/K_{mf}}{\dfrac{s^2}{\omega_{mf}^2} + \dfrac{2\zeta_{mf}'}{\omega_{mf}}s + 1} \tag{5-46}$$

式中，ω_{mf}——衔铁挡板组件的固有频率，$\omega_{mf} = \sqrt{\dfrac{K_{mf}}{J_a}}$；

ζ_{mf}'——由机械阻尼和电磁阻尼产生的阻尼比，

$$\zeta_{mf}' = \zeta_{mf} + \frac{K_t K_b}{K_{mf}(R_c + r_p)}\omega_{mf}$$

滑阀的固有频率 ω_{hp} 很高，$\omega_{hp} \gg \omega_{mf}$，故滑阀动态可以忽略。简化后的力反馈回路方框图和开环伯德图如图 5-8 所示。力反馈回路的开环传递函数为

$$G(s)H(s) = \frac{K_{vf}}{s\left(\dfrac{s^2}{\omega_{mf}^2} + \dfrac{2\zeta_{mf}'}{\omega_{mf}}s + 1\right)} \tag{5-47}$$

式中，K_{vf}——力反馈回路开环放大系数，

$$K_{\text{vf}} = \frac{r\,(r+b)\,K_{\text{f}}K_{\text{qp}}}{A_{\text{v}}K_{\text{mf}}} = \frac{r\,(r+b)\,K_{\text{f}}K_{\text{qp}}}{A_{\text{v}}\left[K_{\text{an}} + K_{\text{f}}\,(r+b)^2\right]} \tag{5-48}$$

这是个 I 型伺服回路。根据式 (5-47) 可画出力反馈回路的开环伯德图，如图 5-8(b) 所示。回路穿越频率 ω_{c} 近似等于开环放大系数 K_{vf}，即 $\omega_{\text{c}} \approx K_{\text{vf}}$。

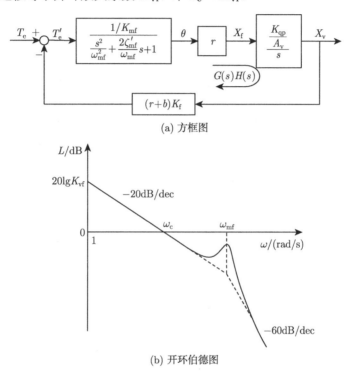

(a) 方框图

(b) 开环伯德图

图 5-8　简化后的力反馈回路方框图和开环伯德图

力反馈回路的稳定条件为 ω_{mf} 处的谐振峰值不能超过零分贝线，即

$$K_{\text{vf}} < 2\zeta_{\text{mf}}'\omega_{\text{mf}} \tag{5-49}$$

在设计时可取

$$\frac{K_{\text{vf}}}{\omega_{\text{mf}}} \leqslant 0.25 \tag{5-50}$$

这一关系具有充分的稳定储备。

2. 压力反馈回路的稳定性分析

由图 5-7 可见，作用在挡板上的压力反馈回路，是由滑阀位移和执行机构负载变化引起的。它反映了伺服阀各级负载动态的影响，显然这种影响越小越好。为此应使这个回路的开环增益在任何频率下都远小于 1，使回路近似于开环状态而不起作用。

首先求出压力反馈回路前向通道的传递函数的最大增益，为此需求出力反馈回路的闭

环传递函数。由图 5-8 可求出力反馈回路的闭环传递函数为

$$\phi_2(s) = \frac{X_v}{T_e} = \frac{\dfrac{rK_{qp}}{A_v K_{mf}}}{\dfrac{s^3}{\omega_{mf}^2} + \dfrac{2\zeta_{mf}'}{\omega_{mf}}s^2 + s + K_{vf}} = \frac{\dfrac{1}{(r+b)K_f}}{\dfrac{s^3}{K_{vf}\omega_{mf}^2} + \dfrac{2\zeta_{mf}'}{K_{vf}\omega_{mf}}s^2 + \dfrac{s}{K_{vf}} + 1}$$

在 ζ_{mf}' 较小和 $K_{vf} < 2\omega_{mf}\zeta_{mf}'$ 时，上式可近似写为

$$\phi_2(s) = \frac{X_v}{T_e} = \frac{\dfrac{1}{(r+b)K_f}}{\left(\dfrac{s}{K_{vf}}+1\right)\left(\dfrac{s^2}{\omega_{mf}^2} + \dfrac{2\zeta_{mf}'}{\omega_{mf}}s+1\right)} \tag{5-51}$$

通常 $K_{vf} \ll \omega_{mf}$，一阶惯性环节在 ω_{mf} 处的衰减对 ω_{mf} 处的谐振峰值有一定的抵消作用，则 $\phi_2(s)$ 的最大增益可近似为 $\dfrac{1}{(r+b)K_f}$。

压力反馈回路反馈通道的传递函数为

$$H(s) = \frac{T_f}{X_v} = \frac{rA_N}{A_v}\left[(m_v s^2 + 0.43Wp_s) - \frac{0.43Wx_{v0}\dfrac{m_t}{A_p}\dfrac{K_q}{A_p}s}{\dfrac{s^2}{\omega_h^2} + \dfrac{2\zeta_h}{\omega_h}s+1}\right]$$

由于 $\sqrt{\dfrac{0.43Wp_s}{m_v}} \gg \omega_h$，所以 m_v 可以省略；又因为 $K_q = K_p K_c = \dfrac{2p_s}{x_{v0}}K_c$；在 $C_{tp} = B_p = 0$ 时，$\dfrac{2\zeta_h}{\omega_h} = \dfrac{K_c m_t}{A_p^2}$，所以上式可写为

$$H(s) = \frac{T_f}{X_v} = 0.43Wp_s\frac{rA_N}{A_v}\frac{\dfrac{s^2}{\omega_h^2} - \dfrac{2\zeta_h}{\omega_h}s+1}{\dfrac{s^2}{\omega_h^2} + \dfrac{2\zeta_h}{\omega_h}s+1}$$

其最大增益为 $0.43Wp_s\dfrac{rA_N}{A_v}$。

前向通道与反馈通道最大增益的乘积即整个压力反馈回路的最大增益。为了确保压力反馈回路的稳定性，并使压力反馈回路的影响可以忽略不计，应满足条件

$$|\phi_2(s)|_{max}|H(s)|_{max} = \frac{r}{r+b}\frac{A_N}{A_v}\frac{0.43Wp_s}{K_f} \ll 1 \tag{5-52}$$

在 r、b、A_N、A_v、W、p_s 已定的情况下，可选择 K_f 来满足上述条件，由于 $\dfrac{r}{r+b} < 1$，$\dfrac{A_N}{A_v} \ll 1$，所以上述条件在一般情况下都不难满足，压力反馈回路可以忽略。

5.3.4　力反馈伺服阀的传递函数

一般情况下 $\omega_a \gg \omega_{hp} \gg \omega_{mf}$，力矩马达控制线圈的动态和滑阀的动态可以忽略。作用在挡板上的压力反馈的影响比力反馈小得多，压力反馈回路也可以忽略。这样，力反馈伺服阀的方框图可简化成图 5-9 所示的形式。图 5-9 与图 5-8(a) 比较，只是增加了放大器和力矩马达的增益 $\dfrac{2K_u K_t}{R_c + r_p}$。因此，由式 (5-51) 可以得到力反馈伺服阀的传递函数为

$$\frac{X_v}{U_g} = \frac{\dfrac{2K_u K_t}{(R_c + r_p)(r + b)K_f}}{\left(\dfrac{s}{K_{vf}} + 1\right)\left(\dfrac{s^2}{\omega_{mf}^2} + \dfrac{2\zeta'_{mf}}{\omega_{mf}}s + 1\right)} \tag{5-53}$$

或

$$\frac{X_v}{U_g} = \frac{K_a K_{xv}}{\left(\dfrac{s}{K_{vf}} + 1\right)\left(\dfrac{s^2}{\omega_{mf}^2} + \dfrac{2\zeta'_{mf}}{\omega_{mf}}s + 1\right)} \tag{5-54}$$

式中，K_a—— 伺服放大器增益，$K_a = \dfrac{2K_u}{R_c + r_p}$；

K_{xv}—— 伺服阀增益，$K_{xv} = \dfrac{K_t}{(r + b)K_f}$。

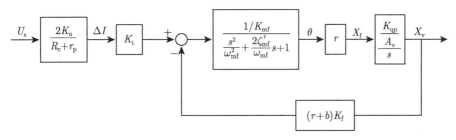

图 5-9　力反馈伺服阀的简化方框图

伺服阀通常以 Δi 作输出参量，以空载流量 $q_0 = K_q x_v$ 作输出参量。此时，伺服阀的传递函数可表示为

$$\frac{Q_0}{\Delta I} = \frac{K_{sv}}{\left(\dfrac{s}{K_{vf}} + 1\right)\left(\dfrac{s^2}{\omega_{mf}^2} + \dfrac{2\zeta'_{mf}}{\omega_{mf}}s + 1\right)} \tag{5-55}$$

式中，K_{sv}—— 伺服阀的流量增益，$K_{sv} = \dfrac{K_t K_q}{(r + b)K_f}$。

在大多数电液伺服系统中，伺服阀的动态响应往往高于动力元件的动态响应。为了简化系统的动态特性分析与设计，伺服阀的传递函数可以进一步简化，一般可用二阶振荡环节表示。如果伺服阀二阶环节的固有频率高于动力元件的固有频率，伺服阀传递函数还可用一阶惯性环节表示，当伺服阀的固有频率远大于动力元件的固有频率时，伺服阀可看成比例环节。

二阶近似的传递函数可由下式估计：

$$\frac{Q_0}{\Delta I} = \frac{K_{\mathrm{sv}}}{\dfrac{s^2}{\omega_{\mathrm{sv}}^2} + \dfrac{2\zeta_{\mathrm{sv}}}{\omega_{\mathrm{sv}}}s + 1} \tag{5-56}$$

式中，ω_{sv}—— 伺服阀固有频率；

ζ_{sv}—— 伺服阀阻尼比。

在由式 (5-53) 和式 (5-54) 计算或由实验得到的相频特性曲线上，取相位滞后 90° 所对应的频率作为 ω_{sv}。阻尼比 ζ_{sv} 可由以下两种方法求得。

(1) 根据二阶环节的相频特性公式

$$\varphi(\omega) = \arctan\frac{2\zeta_{\mathrm{sv}}\dfrac{\omega}{\omega_{\mathrm{sv}}}}{1 - \left(\dfrac{\omega}{\omega_{\mathrm{sv}}}\right)^2}$$

由频率特性曲线求出每一相角 φ 所对应的 ζ_{sv} 值，然后取平均值。

(2) 由自动控制原理可知，对各种不同的 ζ 值，有一条对应的相频特性曲线。将伺服阀的相频特性曲线与此对照，通过比较确定 ζ_{sv} 值。

一阶近似的传递函数可由下式估计

$$\frac{Q_0}{\Delta I} = \frac{K_{\mathrm{sv}}}{1 + \dfrac{s}{\omega_{\mathrm{sv}}}} \tag{5-57}$$

式中，ω_{sv}—— 伺服阀转折频率，$\omega_{\mathrm{sv}} = K_{\mathrm{vf}}$ 或取频率特性曲线上相位滞后 45° 所对应的频率。

5.3.5　力反馈伺服阀的频宽

在力反馈伺服阀的闭环传递函数式 (5-51) 中，由于 K_{vf} 是最低的转折频率，所以力反馈伺服阀的频宽主要由 K_{vf} 决定。下面根据频宽的定义近似估计伺服阀的频宽。

设电液伺服阀输入的差动电流 Δi 为正弦信号，阀芯位移也按正弦规律运动，即

$$x_{\mathrm{v}} = X_{\mathrm{v}} \sin \omega t \tag{5-58}$$

式中，X_{v}—— 阀芯运动时的峰值位移；

ω—— 运动时的频率。

由式 (5-58) 可得阀芯的运动速度为

$$\dot{x}_{\mathrm{v}} = X_{\mathrm{v}}\omega \cos \omega t$$

$$\dot{x}_{\mathrm{vmax}} = X_{\mathrm{v}}\omega$$

设喷嘴挡板阀的输出流量 q_{Lp} 全部用来推动阀芯运动，则有

$$q_{\mathrm{Lp}} = A_{\mathrm{v}}x_{\mathrm{vmax}} = A_{\mathrm{v}}\omega X_{\mathrm{v}}$$

挡板位移 x_f 与 q_{Lp} 之间的关系为

$$q_{Lp} = K_{qp}x_f$$

根据上述两式，得

$$\omega = \frac{K_{qp}X_f}{A_v X_v}$$

式中，X_f—— 挡板峰值位移；

　　$K_{qp}X_f$—— 喷嘴挡板阀的峰值流量。

根据频宽的定义

$$\omega_b = \frac{K_{qp}X_f}{0.707X_{v0}A_v} \tag{5-59}$$

式中，X_{v0}—— 频率甚低时的阀芯峰值位移。一般 $X_{v0} = x_{vm}/4$。

根据图 5-9，可近似求得挡板峰值位移 X_f。当伺服阀工作频率 ω 大于穿越频率 ω_c 时，由于开环增益很低，所以图 5-9 中的反馈可以忽略。此时偏差信号 $\varepsilon = K_t\Delta I_0 \sin\omega t$，忽略力矩马达动态，则有

$$X_f = \frac{rK_t\Delta I_0}{K_{an} + K_f (r+b)^2}$$

将上式代入式 (5-59)，得伺服阀频宽的近似表达式

$$\omega_b = \frac{K_{qp}rK_t\Delta I_0}{0.707X_{v0}A_v \left[K_{an} + K_f (r+b)^2\right]} \tag{5-60}$$

稳态时，由图 5-8 得

$$X_{v0} = \frac{K_t\Delta I_0}{K_f (r+b)}$$

将上式代入式 (5-60) 得

$$\omega_b = \frac{r (r+b) K_f K_{qp}}{0.707A_v \left[K_{an} + K_f (r+b)^2\right]} \tag{5-61}$$

再引入式 (5-48)，得

$$\omega_b = K_{vf}/0.707 \tag{5-62}$$

式 (5-62) 表明，若已知电液伺服阀的开环增益 K_{vf}，就可以估算出伺服阀的幅频宽 ω_b。

当 $X_f = X_{f0}$ 时，由式 (5-59) 可得到伺服阀的极限频宽为

$$\omega_{bmax} = \frac{K_{qp}X_{f0}}{0.707X_{v0}A_v} = \frac{q_c}{1.4A_v X_{v0}} \tag{5-63}$$

式中，q_c—— 喷嘴挡板阀零位泄漏流量，$q_c = 2K_{qp}X_{f0}$。

由式 (5-48) 可知，为了提高 K_{vf}，应减小综合刚度 K_{mf}。在设计时可使衔铁挡板的静刚度 $K_{an} = 0$，即

$$K_{an} = K_a - K_m - 8\pi C_{df}^2 p_s x_{v0}r^2 = 0$$

作用在挡板上的液动力刚度一般很小，可以忽略不计。这样，弹簧管刚度 K_a 与磁弹簧刚度 K_m 近似相等，衔铁挡板组件刚好处在静稳定的边缘上。当力矩马达装入伺服阀后，反馈杆刚度 K_f 就成为主要的弹簧刚度。当 $K_{an} = 0$ 时，由式 (5-48) 可得

$$K_{vf} = \frac{r}{r + b} \frac{K_{qp}}{A_v} \tag{5-64}$$

为了提高 K_{vf}，除了适当提高 $r/(r + b)$ 的值，主要是增大喷嘴直径 (即增大 K_{qp}) 和减小滑阀直径，否则会出现流量饱和现象，限制伺服阀的频宽，或者只能在小振幅下达到所要的频宽。增大 K_{qp} 和减小 A_v 是有限制的，增大 K_{qp} 受泄漏流量和力矩马达功率的限制，减小 A_v 受阀的额定流量和阀芯最大行程的限制。

提高 K_{vf} 受力反馈回路稳定性的限制，如式 (5-49) 所示。为了提高伺服阀的频宽，应提高力矩马达的固有频率 ω_{mf} 和阻尼比 ζ_{mf}。力反馈伺服阀的力矩马达动态被力反馈回路包围，由于力矩马达固有频率是回路中最低的转折频率，所以力矩马达就成为伺服阀响应能力的限制因素，在大流量伺服阀中更为突出。

5.3.6 力反馈伺服阀的静态特性

在稳态情况下，由图 5-9 可得

$$x_v = \frac{K_t}{(r + b) K_f} \Delta i = K_{xv} \Delta i \tag{5-65}$$

伺服阀的功率级一般采用零开口四边滑阀，故伺服阀的流量方程为

$$q_L = C_d W \frac{K_t}{(r + b) K_f} \Delta i \sqrt{\frac{1}{\rho} (p_s - p_L)} = C_d W K_{xv} \Delta i \sqrt{\frac{1}{\rho} (p_s - p_L)} \tag{5-66}$$

电液伺服阀的压力–流量曲线与滑阀压力–流量曲线的形状是一样的，只是输入参量不同。电液伺服阀以电流 Δi 为输入参量，而滑阀以阀芯位移 x_v 为输入参量。

力反馈伺服阀闭环控制的是阀芯位移 x_v，由阀芯位移到输出流量是开环控制，因此流量控制的精确性要靠滑阀加工精度保证。

5.3.7 力反馈伺服阀的设计计算

伺服阀的设计一般是从给定的流量、压力和动态响应等性能要求出发，从滑阀放大器的计算开始往前推到力矩马达。这个过程是反复进行的，直到得出一组匹配的参数。设计所得的参数应保证伺服阀稳定工作，压力反馈回路可以忽略，并满足静、动态特性的要求。在设计中，有些参数和几何尺寸可参考同类产品初步选定。下面举一个设计计算的例子。

给定条件和设计要求如下：

额定供油压力 $p_s = 210 \times 10^5 \text{Pa}$

额定流量 (最大空载流量) $q_{0max} = 15 \text{L/min}$

额定电流 (最大差动电流) $\Delta I_{max} = 10 \text{mA}$

零位泄漏流量 $q_c \leqslant 0.51 \text{L/min}$

伺服阀频宽 $\omega_b \geqslant 225 \text{Hz}$

1. 滑阀主要结构参数的确定

根据滑阀流量方程可求出阀的最大开口面积

$$Wx_{0\mathrm{max}} = \frac{q_{0\mathrm{max}}}{C_{\mathrm{d}}\sqrt{p_{\mathrm{s}}/\rho}} = \frac{15 \times 10^{-3}/60}{0.65 \times \sqrt{210 \times 10^5/850}}\mathrm{m}^2 = 2.4 \times 10^{-6}\mathrm{m}^2$$

根据经验取阀芯行程 $x_{0\mathrm{m}} = 0.4 \times 10^{-3}\mathrm{m}$，则

$$W = \frac{2.4 \times 10^{-6}}{0.4 \times 10^{-3}}\mathrm{m} = 6 \times 10^{-3}\mathrm{m}$$

由于

$$\frac{W}{x_{0\mathrm{max}}} = \frac{6 \times 10^{-3}}{0.4 \times 10^{-3}} = 15 < 67$$

故不能采用全周开口。取阀芯直径 $d = 5 \times 10^{-3}\mathrm{m}$，阀杆直径 $d_{\mathrm{r}} = 3 \times 10^{-3}\mathrm{m}$，按 $\frac{\pi}{4}\left(d^2 - d_{\mathrm{r}}^2\right) > 4Wx_{0\mathrm{max}}$，验算流量饱和情况，满足要求。

2. 喷嘴挡板阀主要结构参数的确定

根据设计要求，并考虑留有一定的余地，取喷嘴挡板阀的零位泄漏流量 $q_{\mathrm{c}} = 0.45\mathrm{L/min}$。根据式 (5-63) 可计算出极限频宽为

$$\omega_{\mathrm{b\,max}} = \frac{q_{\mathrm{c}}}{1.4 A_{\mathrm{v}} X_{\mathrm{v0}}} = \frac{q_{\mathrm{c}}}{1.4 \cdot \dfrac{\pi d^2}{4} \cdot \dfrac{x_{\mathrm{vmax}}}{4}} = 2733\mathrm{rad/s} = 435.2\mathrm{Hz}$$

由式 (5-59) 和式 (5-63) 可知挡板的工作范围为

$$\frac{x_{\mathrm{f}}}{x_{\mathrm{f0}}} = \frac{\omega_{\mathrm{b}}}{\omega_{\mathrm{bmax}}} = \frac{225}{435.2} = 0.517$$

符合要求。因此最终取零位泄漏流量 $q_{\mathrm{c}} = 0.45\mathrm{L/min}$。

伺服阀内部油液过滤精度为 $20\mu\mathrm{m}$，为保证喷嘴挡板阀可靠工作，x_{f0} 应大于 $25\mu\mathrm{m}$，取 $x_{\mathrm{f0}} = 0.03 \times 10^{-3}\mathrm{m}$。则喷嘴挡板阀的流量增益为

$$K_{\mathrm{qp}} = \frac{q_{\mathrm{c}}}{2x_{\mathrm{f0}}} = \frac{0.45 \times 10^{-3}/60}{2 \times 0.03 \times 10^{-3}}\mathrm{m}^2/\mathrm{s} = 0.125\mathrm{m}^2/\mathrm{s}$$

喷嘴挡板阀回油溢流腔保持一定压力，可以改善喷嘴挡板间的工作条件，稳定流量系数，对抑制伺服阀回油零漂和保障工作平稳有利。通常取回油溢流腔压力 $p_{\mathrm{r}} = 20 \times 10^5\mathrm{Pa}$ 左右，本设计取 $p_{\mathrm{r}} = 23 \times 10^5\mathrm{Pa}$。

由流量增益表达式可求出喷嘴孔直径

$$D_{\mathrm{N}} = \frac{K_{\mathrm{qp}}}{C_{\mathrm{df}}\pi\sqrt{(p_{\mathrm{q}} - p_{\mathrm{r}})/\rho}} = \frac{0.125}{0.64 \times 3.14 \times \sqrt{(210 - 23) \times 10^5/850}}\mathrm{m} = 0.42 \times 10^{-3}\mathrm{m}$$

因为 $D_{\mathrm{N}}/x_{\mathrm{f0}} = 14$，可以满足要求。

取喷嘴与固定节流孔的液导比 $a = 1$，则 $C_{\mathrm{d0}}\dfrac{\pi D_0^2}{4} = C_{\mathrm{df}}\pi D_{\mathrm{N}}x_{\mathrm{f0}}$，取 $C_{\mathrm{d0}}/C_{\mathrm{df}} = 0.8$，于是固定节流孔直径为

$$D_0 = 2\sqrt{\frac{C_{\mathrm{df}}}{C_{\mathrm{d0}}}D_{\mathrm{N}}x_{\mathrm{f0}}} = 2\sqrt{0.8 \times 0.42 \times 10^{-3} \times 0.03 \times 10^{-3}}\mathrm{m} = 0.2 \times 10^{-3}\mathrm{m}$$

为了产生背压 p_r，在回油溢流腔与回油口之间设置节流孔。通过回油节流孔的流量为 q_c，则节流孔直径

$$D_r = \sqrt{\frac{4q_c}{C_{dr}\pi\sqrt{\frac{2}{\rho}p_r}}} = \sqrt{\frac{4 \times 0.45 \times 10^{-3}/60}{0.8 \times \pi\sqrt{\frac{2}{850}} \times 23 \times 10^5}}m = 0.4 \times 10^{-3}m$$

3. 力矩马达设计计算

在第一级阀设计完毕后，就可以进行力矩马达设计。力矩马达设计计算的方法和步骤比较灵活，但最终都是要选择计算出各种刚度、力矩系数、极化磁通和控制磁通等。

1) 根据伺服阀的频宽要求确定力矩马达固有频率 ω_{mf}

根据伺服阀的频宽要求，由式 (5-62) 求出开环增益

$$K_{vf} = 0.707\omega_b = 0.707 \times 2\pi \times 225s^{-1} = 999.5s^{-1}$$

由式 (5-50) 确定力矩马达的固有频率为

$$\omega_{mf} \geqslant 4K_{vf} = 4 \times 999.5rad/s = 3998rad/s$$

取 $\omega_{mf} = 4600rad/s$。

2) 计算反馈杆刚度 K_f

参考已有结构，选取结构参数 $r = 8.9 \times 10^{-3}m, b = 13.3 \times 10^{-3}m, J_a = 1.78 \times 10^{-7}kg \cdot m^2$。由式 (5-39) 得力矩马达综合刚度为

$$K_{mf} = J_a\omega_{mf}^2 = 1.78 \times 10^{-7} \times 4600^2 N \cdot m/rad = 3.766N \cdot m/rad$$

由式 (5-48) 可求出反馈杆刚度

$$K_f = \frac{A_v K_{mf} K_{vf}}{r(r+b)K_{qp}} = \frac{1.96 \times 10^{-5} \times 3.766 \times 999.5}{8.9 \times 10^{-3} \times (8.9+13.3) \times 10^{-3} \times 0.125}N/m = 2987N/m$$

3) 计算力矩马达力矩系数 K_t

由式 (5-65) 求得

$$K_t = \frac{(r+b)K_f x_{0m}}{\Delta I_m} = \frac{(8.9+13.3) \times 10^{-3} \times 2987 \times 0.4 \times 10^{-3}}{10 \times 10^{-3}}N \cdot m/A = 2.65N \cdot m/A$$

根据 K_t 就可以选择和计算极化磁通和控制磁通。

4) 计算极化磁通 Φ_g 和磁弹簧刚度 K_m

由式 (5-16) 可求得极化磁通

$$\Phi_g = \frac{K_t}{2(a/l_g)N_c f}$$

式中，f—— 考虑漏磁及磁路磁阻的修正系数，取 $f = 1.34$。

另外, 取 $A_g = 8.1 \times 10^{-6} m^2$, $a = 14.5 \times 10^{-3} m$, $l_g = 0.25 \times 10^{-3} m$, $N_c = 3800$ 匝。则

$$\Phi_g = \frac{2.65}{2 \times (14.5 \times 10^{-3}/0.25 \times 10^{-3}) \times 3800 \times 1.34} \mathrm{Wb} = 4.486 \times 10^{-6} \mathrm{Wb}$$

根据求得的 Φ_g 值可设计永久磁铁。

衔铁在中位时气隙磁阻为

$$R_g = \frac{l_g}{\mu_0 A_g} = \frac{0.25 \times 10^{-3}}{4\pi \times 10^{-7} \times 8.1 \times 10^{-6}} \mathrm{H}^{-1} = 2.46 \times 10^7 \mathrm{H}^{-1}$$

则控制磁通为

$$\Phi_c = \frac{N_c \Delta I_m}{2 R_g} = \frac{3800 \times 10 \times 10^{-3}}{2 \times 2.46 \times 10^7} \mathrm{Wb} = 7.72 \times 10^{-7} \mathrm{Wb}$$

上式表明, 在 ΔI_m、R_g 一定时, 选择 N_c 就等于选择 Φ_c。验算比值 $\Phi_c/\Phi_g = \frac{7.72 \times 10^{-7}}{4.486 \times 10^{-6}} = 0.172 < 1/3$, 符合要求。

由式 (5-17) 可求出磁弹簧刚度

$$\begin{aligned}
K_m &= 4 \left(\frac{a}{l_g}\right)^2 R_g \Phi_g^2 = 4 \times \left(\frac{14.5 \times 10^{-3}}{0.25 \times 10^{-3}}\right)^2 \times 2.46 \times 10^7 \times \left(4.486 \times 10^{-6}\right)^2 \mathrm{N \cdot m/rad} \\
&= 6.66 \mathrm{N \cdot m/rad}
\end{aligned}$$

5) 计算弹簧管刚度 K_a

由式 (5-36) 和式 (5-37) 求出弹簧管刚度

$$\begin{aligned}
K_a &= K_{mf} - K_f (r + b)^2 + K_m + 8\pi C_{df}^2 (p_s - p_r) x_{f0} r^2 \\
&= \left[3.766 - 2987 \times (8.9 + 13.3)^2 \times 10^{-6} + 6.66 + 8\pi \times 0.64^2 \right. \\
&\quad \left. \times (210 - 23) \times 10^5 \times 0.03 \times 10^{-3} \times (8.9 \times 10^{-3})^2 \right] \mathrm{N \cdot m/rad} \\
&= 9.41 \mathrm{N \cdot m/rad}
\end{aligned}$$

根据 K_a 值可以设计弹簧管。

5.4　电液伺服阀的特性及主要的性能指标

电液伺服阀是一个非常精密而又非常复杂的伺服控制元件, 它的性能对整个系统的性能影响很大, 因此要求十分严格。下面就电液流量伺服阀的特性及主要性能指标作一介绍。

5.4.1　静态特性

电液流量伺服阀的静态性能, 可根据测试得到的负载流量特性、空载流量特性、压力特性、内泄漏特性等曲线和性能指标加以评定。

1. 负载流量特性 (压力–流量特性)

负载流量特性如图 5-10 所示，它完全描述了伺服阀的静态特性。但要测得这组曲线难度较大，特别是在零位附近很难测出精确的数值，而伺服阀却正好是在此处工作。因此，这些曲线主要用来确定伺服阀的类型和估计伺服阀的规格，以便与所求的负载流量和负载压力相匹配。

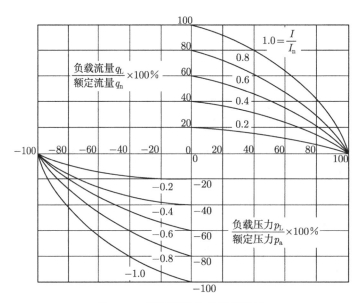

图 5-10 伺服阀的负载流量特性

伺服阀的规格也可以由额定电流 I_n、额定压力 p_n、额定流量 q_n 来表示。

(1) 额定电流 I_n 为产生额定流量对线圈任一极性所规定的输入电流 (不包括零偏电流)，以 A 为单位。规定额定电流时，必须规定线圈的连接方式。额定电流通常是对单线圈连接、并联连接或差动连接而言。当串联连接时，其额定电流为上述额定电流的一半。

(2) 额定压力 p_n 为额定工作条件时的供油压力，或称额定供油压力，以 Pa 为单位。

(3) 额定流量 q_n 是指在规定的阀压降下，对应于额定电流的负载流量，以 m^3/s 为单位。通常，在空载条件下规定伺服阀的额定流量，此时阀压降等于额定供油压力，也可以在负载压降等于三分之二供油压力的条件下规定额定流量，这样规定的额定流量对应阀的最大功率输出点。

2. 空载流量特性

空载流量曲线 (简称流量曲线) 是输出流量与输入电流呈环状的函数曲线，见图 5-11。它是在给定的伺服阀压降和负载压降为零的条件下，使输入电流在正、负额定电流值之间以阀的动态特性不产生影响的循环速度作一完整的循环所描绘出来的连续曲线。

流量曲线中点的轨迹称为名义流量曲线，这是零滞环流量曲线。阀的滞环通常很小，因此可以把流量曲线的任一侧当作名义曲线使用。

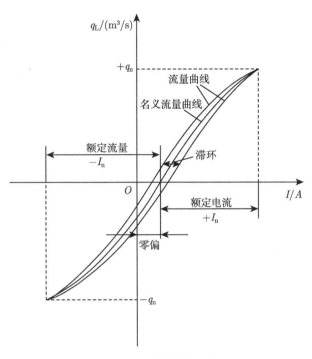

图 5-11　空载流量曲线

流量曲线上某点或某段的斜率就是在该点或该段的流量增益。以名义流量曲线的零流量点向两极各作一条与名义流量曲线偏差为最小的直线，这就是名义流量增益线，见图 5-12。两个极性的名义流量增益线斜率的平均值就是名义流量增益，以 $m^3/(s \cdot A)$ 为单位。

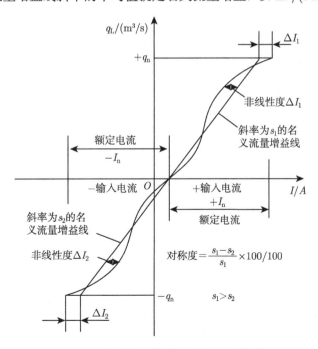

图 5-12　名义流量增益、线性度、对称度

伺服阀的额定流量与额定电流之比称为额定流量增益。

流量曲线非常有用, 它不仅给出阀的极性、额定空载流量、名义流量增益, 而且从中还可以得到阀的线性度、对称度、滞环、分辨率, 并揭示阀的零区特性。

(1) 线性度。线性度是指流量伺服阀名义流量曲线的直线性。以名义流量曲线与名义流量增益线的最大偏差电流值与额定电流的百分比表示, 见图 5-12。线性度通常小于 7.5%。

(2) 对称度。对称度是指阀的两个极性的名义流量增益的一致程度。用两者之差对较大者的百分比表示, 见图 5-12。对称度通常小于 10%。

(3) 滞环。滞环是指在流量曲线中, 产生相同输入流量的往、返输入电流的最大差值与额定电流的百分比, 见图 5-11。伺服阀的滞环一般小于 5%。

滞环产生的原因, 一方面是力矩马达磁路的磁滞, 另一方面是伺服阀中的游隙。磁滞回环的宽度随输入信号的大小而变化。当输入信号减小时, 磁滞回环的宽度将减小。游隙是由力矩马达中机械固定处的滑动以及阀芯与阀套间的摩擦力产生的。如果油中有杂质, 则游隙会大大增加, 有可能使伺服系统不稳定。

(4) 分辨率。分辨率是指使阀的输出流量发生变化所需的输入电流的最小变化值与额定电流的百分比。通常分辨率规定为从输出流量的增加状态恢复到输出流量减小状态所需的电流最小变化值与额定电流之比。伺服阀的分辨率一般小于 1%。分辨率主要由伺服阀的静摩擦力引起。

(5) 重叠。伺服阀的零位是指空载流量为零的几何零位。伺服阀经常在零位附近工作, 因此零区特性特别重要。零位区域是输出级的重叠对流量增益起主要影响的区域。伺服阀的重叠用两极名义流量曲线近似直线部分的延长线与零流量线相交的总间隔与额定电流的百分比表示, 见图 5-13。伺服阀的重叠分为三种情况, 即零重叠、正重叠和负重叠。

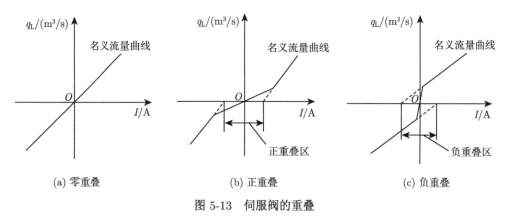

图 5-13　伺服阀的重叠

(6) 零偏。零偏为使阀处于零位所需的输入电流值 (不计阀的滞环的影响), 以额定电流的百分比表示, 见图 5-11。零偏通常小于 3%。

3. 压力特性

压力特性曲线是输出流量为零 (两个负载油口关闭) 时, 负载压降与输入电流呈回环状的函数曲线, 见图 5-14。负载压力对输入电流的变化率就是压力增益, 以 Pa/A 为单位。伺服阀的压力增益通常规定为最大负载压降的 ±40% 之间, 负载压降对输入电流曲线的平均

斜率 (图 5-14)。压力增益指标为输入 1% 的额定电流时,负载压降应超过 30% 的额定工作压力。

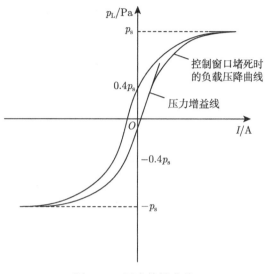

图 5-14　压力特性曲线

4. 内泄漏特性

内泄漏流量是负载流量为零时,从回油口流出的总流量,以 m^3/s 为单位。内泄漏流量随输入电流而变化,见图 5-15。当阀处于零位时,内泄漏流量 (零位内泄漏流量) 最大。

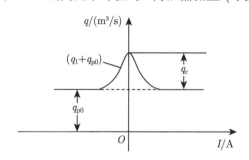

图 5-15　内泄漏特性曲线

对两级伺服阀而言,内泄漏流量由前置级的泄漏流量 q_{p0} 和功率级泄漏流量 q_1 组成。功率滑阀的零位泄漏流量 q_c 与供油压力 p_s 之比可作为滑阀的流量-压力系数。零位泄漏流量对新阀可作为滑阀制造质量的指标,对旧阀可反映滑阀的磨损情况。

5. 零漂

工作条件或环境变化所导致的零偏变化,以其对额定电流的百分比表示。通常规定有供油压力零漂、回油压力零漂、温度零漂、零值电流零漂等。

(1) 供油压力零漂。供油压力在 70%~100% 额定供油压力的范围内变化时,零漂小于 2%。

(2) 回油压力零漂。回油压力在 0~20% 额定供油压力的范围内变化时,零漂应小于 2%。

(3) 温度零漂。工作油温每变化 40℃时,零漂小于 2%。

(4) 零值电流零漂。零值电流在 0~100% 额定电流范围内变化时,零漂小于 2%。

5.4.2 动态特性

电液伺服阀的动态特性可用频率响应或瞬态响应表示,一般用频率响应表示。

电液伺服阀的频率响应是输入电流在某一频率范围内作等幅变频正弦变化时,空载流量与输入电流的复数比。频率响应如图 5-16 所示。

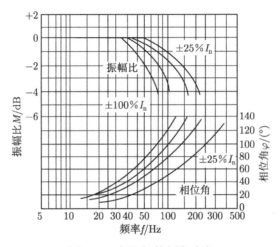

图 5-16 伺服阀的频率响应

伺服阀的频率响应随供油压力、输入电流幅值、油温和其他工作条件而变化。通常在标准试验条件下进行试验,推荐输入电流的峰值为额定电流的一半 (±25% 额定电流),基准 (初始) 频率通常为 5Hz 或 10Hz。

伺服阀的频宽通常以幅值比为 −3dB (即输出流量为基准频率时输出流量的 70.7%) 时所对应的频率作为幅频宽,以相位滞后 90° 时所对应的频率作为相频宽。

频宽是伺服阀响应速度的度量。伺服阀的频宽应根据系统的实际需要加以确定,频宽过低会限制系统的响应速度,过高会使高频干扰传到负载上去。

伺服阀的幅值比一般不允许大于 +2dB。

5.4.3 输入特性

1. 线圈接法

伺服阀有两个线圈,可根据需要采用图 5-17 中的任何一种接法。

(1) 单线圈接法。输入电阻等于单线圈电阻,线圈电流等于额定电流,电控功率 $P = I_n^2 R_c$。单线圈接法可以减小电感的影响。

(2) 单独使用两个线圈接法。一只线圈接输入,另一只线圈可用来调偏、接反馈或引入颤振信号。

(3) 双线圈串联接法。输入电阻为单线圈电阻 R_c 的 2 倍,额定电流为单线圈时的一半,

电控功率为 $P = \frac{1}{2}I_n^2 R_c$。串联的特点是额定电流和电控功率小，但易受电源电压的影响。

(4) 双线圈并联接法。输入电阻为单线圈电阻的一半，额定电流为单线圈接法时的额定电流，电控功率 $P = \frac{1}{2}I_n^2 R_c$。其特点是工作可靠性高，一只线圈故障也能工作，但易受电流电压的影响。

(5) 双线圈差动接法。差动电流等于额定电流，等于 2 倍的信号电流，电控功率 $P = I_n^2 R_c$。差动接法的特点是不易受电子放大器和电源电压变动的影响。

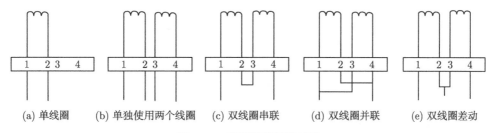

(a) 单线圈　　(b) 单独使用两个线圈　(c) 双线圈串联　(d) 双线圈并联　(e) 双线圈差动

图 5-17　伺服阀线圈的接法

2. 颤振

为了提高伺服阀的分辨能力，可以在伺服阀的输入信号上叠加一个高频低幅值的电信号，颤振使伺服阀处在一个高频低幅值的运动状态之中，这可以减小或消除伺服阀中由于干摩擦所产生的游隙，同时还可以防止阀的堵塞。但颤振不能减小力矩马达磁路所产生的磁滞影响。

颤振的频率和幅值对其所起的作用都有影响。颤振频率应大大超过所预计的信号频率，而不应与伺服阀或执行元件与负载的谐振频率重合。因为这类谐振的激励可能引起疲劳破坏或者使所含元件饱和。颤振幅度应足够大以使峰间值刚好填满游隙宽度，这相当于主阀芯运动约为 2.5μm。颤振幅度又不能过大，以免通过伺服阀传到负载。颤振信号的波形采用正弦波、三角波或方波，其效果是相同的。

5.5　高速开关电磁阀

高速开关电磁阀是控制领域常用的放大元件，被广泛用于液压伺服系统和燃油调节系统中。除发动机控制系统外，其在汽车制动防抱死系统 (ABS)、电控柴油喷射系统中也有应用。这种电磁阀通过接收电子控制单元的控制信号实现快速的启闭，具有体积小、重量轻、结构简单和抗干扰性强的特点。额定流量和动作时间是衡量电磁阀的重要指标，其值直接影响系统的稳定性和可控性，电磁阀的额定流量越大，响应时间越快，系统的控制精度和稳定性越好。

近年来，由于数字式电子控制器在航空发动机控制中的广泛使用，高速开关电磁阀越来越多地被用作航空发动机燃油调节与作动系统的放大或控制元件，有时也可直接作为执行元件对流体进行控制。

5.5.1 高速开关电磁阀的结构及原理

国内研制的某型二位二通常闭式的高速开关电磁阀,结构如图 5-18 所示。

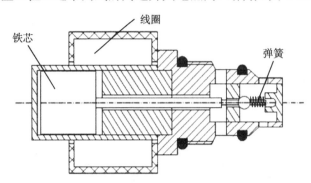

图 5-18　高速开关电磁阀结构图

当线圈未通电时,球阀在弹簧力的作用下关闭;线圈施加合适的电流以后,可动铁芯受通电线圈产生的磁场作用,带动顶杆克服弹簧的作用力而开启球阀。由于阀芯的重量很小,行程很短,因此阀芯可以快速地跟随线圈的磁场变化。正常工作时,在控制信号的作用下,球阀持续进行开、关动作,其出口的流体流量也呈现相应的脉动,因此阀的流量为一脉动的平均流量。开关频率越快,则脉动量越小。

5.5.2 高速开关电磁阀数学模型的建立

高速开关电磁阀为高电平打开,低电平关闭,为了实现平均流量的控制,通常高速开关电磁阀的控制信号为一经过功率放大的脉宽调制 (PWM) 信号。信号如图 5-19 所示。

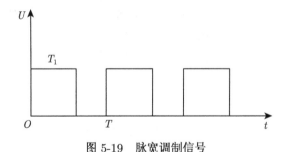

图 5-19　脉宽调制信号

脉宽调制信号的周期为 T,占空比 $\tau = \dfrac{T_1}{T} \times 100\%$。由于阀内线圈为一感性元件,衔铁的吸合与释放均需要一定的动作时间,不能跟随脉宽调制信号而迅速开启或关闭。当脉宽调制信号频率一定时,若占空比大于某一值,可能会出现高速开关阀来不及关闭又重新打开的情况;若占空比小于某一值,则可能使得高速开关电磁阀来不及打开而又被重新关闭。这两种现象使得高速开关电磁阀的平均流量–占空比特性曲线如图 5-20 所示。若降低脉宽调制信号的频率,则图 5-20 中曲线的线性段会延长,线性度得到改善。

根据高速开关电磁阀的原理,可建立高速开关电磁阀的非线性微分方程式来描述其通电时的动态过程。

电路方程为

$$U = RI + \frac{\mathrm{d}\psi}{\mathrm{d}t} = RI + \frac{\mathrm{d}(LI)}{\mathrm{d}t} \tag{5-67}$$

$$L = \frac{N^2}{R_\mathrm{m} + R_\delta + R_\mathrm{l}} \tag{5-68}$$

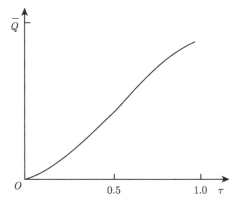

图 5-20　高速开关电磁阀平均流量-占空比特性曲线

式中，U—— 电路的驱动电压；

$\quad R$—— 电路的等效电阻；

$\quad I$　—— 驱动电流；

$\quad \psi$　—— 在磁场中产生的磁链；

$\quad L$　—— 线圈的等效电感；

$\quad N$　—— 线圈匝数；

$\quad R_\mathrm{m}$—— 等效磁阻；

$\quad R_\delta$—— 等效工作气隙磁阻；

$\quad R_\mathrm{l}$—— 等效非工作气隙磁阻。

磁路方程为

$$IN = \Phi(R_\mathrm{m} + R_\delta + R_\mathrm{l}) \tag{5-69}$$

$$R_\mathrm{m} = \frac{l_\mathrm{m}}{\mu_\mathrm{m} S_\mathrm{m}} \tag{5-70}$$

$$R_\delta = \frac{l_\delta}{\mu_\delta S_\delta} = \frac{\delta - x_\mathrm{v}}{\mu_\delta S_\delta} \tag{5-71}$$

式中，Φ—— 工作气隙磁通；

$\quad l_\delta$—— 工作气隙长度；

$\quad \mu_\delta$—— 工作气隙处的磁导率；

$\quad S_\delta$—— 工作气隙处的截面积；

$\quad l_\mathrm{m}$—— 导磁体的等效长度；

$\quad \mu_\mathrm{m}$—— 导磁体的磁导率；

$\quad S_\mathrm{m}$—— 磁导体的等效截面积；

$\quad \delta$—— 阀在初始位置的工作气隙长度；

x_v—— 阀在电磁力作用下产生的位移。

机械方程为

$$F_m = \frac{\lambda \Phi^2}{\mu_\delta A_\delta}, \quad 0 < \lambda < 1 \tag{5-72}$$

$$m\ddot{x}_v = F_m - F_k + F_f + F_y, \quad 0 < x_v < x_{v,max} \tag{5-73}$$

式中，λ—— 气隙边缘影响指数；

$\quad$ F_m—— 电磁力；

$\quad$ F_k—— 弹簧力；

$\quad$ F_f—— 高速阀摩擦力；

$\quad$ F_y—— 阀芯所受液动力；

$\quad$ m—— 动铁及其所联磁芯的等效质量；

$\quad$ $x_{v,max}$—— 阀芯的最大行程。

流量方程 (这里忽略了流体的黏性和可压缩性) 为

$$Q = C_d \omega x_v \sqrt{2\frac{p_1 - p_2}{\rho}} \tag{5-74}$$

式中，Q—— 流出高速阀的流体体积流量；

$\quad$ C_d—— 流量系数；

$\quad$ ω—— 阀口流通面积梯度；

$\quad$ p_1、p_2—— 流入、流出阀口的流体压力。

电压调制频率为

$$f = 4f_0 \frac{q}{100} \left(1 - \frac{q}{100}\right) \tag{5-75}$$

式中，f—— 驱动电压频率；

$\quad$ f_0—— 基础频率，占空比等于 50% 时，其大小为 40Hz。

由上述高速阀的模型方程可知，高速阀是电、磁、机、液四者的非线性耦合系统。相对电液伺服阀而言，高速开关电磁阀具有抗污染能力强、结构简单、寿命长、易于数字控制等优点，因此在航空发动机控制系统中的应用日趋广泛，例如，某引进发动机主燃油泵调节器采用了高速阀作为燃油流量辅助调节 (当 N_p 大于 84% 时高速开关电磁阀可作减油控制) 和风扇导叶角度调节的电液转换装置，新研制的几种型号的发动机也采用了类似的方案。高速开关电磁阀的不足之处是电气功耗较大，电源驱动板容易发热。

5.5.3　高速开关电磁阀的主要特性

1. 开关特性

高速开关电磁阀的开关特性是指在 PWM 信号的作用下，其阀芯位移 x_v 与时间 t 之间的关系。阀芯位移波形如图 5-21 所示，图中 t_1、t_2、t_3、t_4 就是高速开关电磁阀的开关特性参数。

高速开关电磁阀的开关特性根据 PWM 信号的占空比 τ 的变化而变化。根据占空比信号的不同，可分为 7 种情况，如图 5-22 所示。

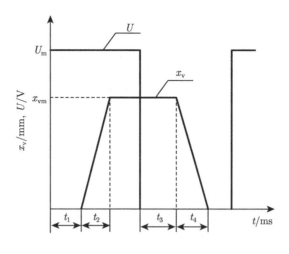

图 5-21　阀芯位移波形图

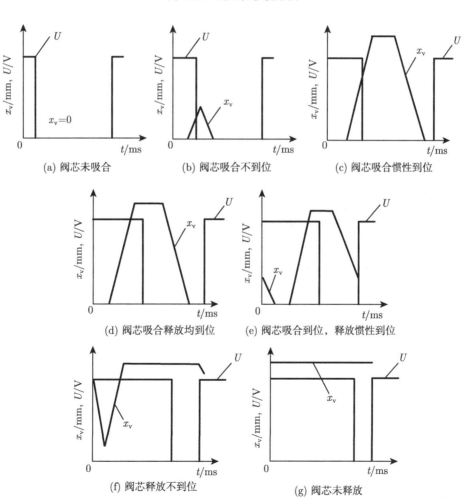

(a) 阀芯未吸合　　　　　(b) 阀芯吸合不到位　　　　　(c) 阀芯吸合惯性到位

(d) 阀芯吸合释放均到位　　　(e) 阀芯吸合到位，释放惯性到位

(f) 阀芯释放不到位　　　　　　(g) 阀芯未释放

图 5-22　高速开关阀开关特性曲线

2. 流量特性

高速开关电磁阀的流量特性可用输入的脉冲或脉宽占空比与输出流量之间的关系或曲线来表示。当占空比较低时，高速开关电磁阀未打开，处于死区；当占空比较高时，高速开关电磁阀不能实现关闭，处于饱和区。在一般的控制系统中，高速开关电磁阀的占空比通常控制在 $20\% \sim 80\%$。

脉冲频率对高速开关电磁阀的流量特性存在影响，频率增大，流量特性线性区间减小，非线性区间增大。为了保证流量特性线性区间的长度，高速开关电磁阀的控制信号的工作频率不宜过大。

开关特性参数对低占空比和高占空比的流量特性具有较大影响，当开关特性参数吸合延迟时间与释放延迟时间增大时，高速开关电磁阀流量特性的非线性区间增加。高速开关电磁阀的特性参数往往在出厂时已经设定好，在高速开关电磁阀的应用系统中难以改变，但可以通过改变高速开关电磁阀的脉冲控制信号来实现对高速开关电磁阀平均通过流量的控制。

思 考 题

1. 电液伺服阀由哪几部分组成？各部分的作用是什么？

2. 力矩马达为何要有极化磁场？

3. 永磁动铁式力矩马达的电磁力矩是如何产生的？为什么会出现负磁弹簧刚度？

4. 为什么把 K_t、K_m 称为中位电磁力矩系数和中位磁弹簧刚度？

5. 为什么动圈式力马达没有磁弹簧刚度？这种力马达有什么特点？

6. 为什么喷嘴挡板式力反馈两级伺服阀在稳态时，挡板在中位附近工作？有什么好处？

7. 如何提高力反馈伺服阀的频宽？提高频宽受什么限制？

8. 为了减小力矩马达线圈电感的影响，应采取什么措施？

9. 在什么情况下电液伺服阀可看成振荡环节、惯性环节、比例环节？

10. 为什么力反馈伺服阀流量控制的精确性需要靠功率滑阀的精度来保证？

11. 试述高速开关电磁阀的结构组成、工作原理及性能特点。

12. 举例说明高速开关电磁阀在航空发动机中的应用。

习 题

1. 已知电液伺服阀在线性区域内工作，输入差动电流 $\Delta i = 10\text{mA}$，负载压力 $p_L = 2\text{MPa}$，负载流量 $q_L = 60\text{L/min}$。求此电液伺服阀的流量增益及压力增益。

2. 已知一电液伺服阀的压力增益为 0.5MPa/mA，伺服阀控制的液压缸面积为 $A_p = 50 \times 10^{-4}\text{m}^2$，要求液压缸输出力 $F = 5 \times 10^4\text{N}$，伺服阀输入电流 Δi 为多少？

3. 力反馈两级伺服阀，其额定流量为 15L/min，额定压力为 21MPa，功率级阀芯最大开口量应在 $0.1 \sim 0.5\text{mm}$，试设计功率级的开口形式和阀芯直径。如果要求此伺服阀频宽 $\omega_b > 100\text{Hz}$，前置级喷嘴挡板阀的输出流量至少为多少？取流量系数 $C_d = 0.62$，油液密度 $\rho = 870\text{kg/m}^3$。

4. 力反馈两级电液伺服阀，其额定流量为 15L/min，额定压力为 21MPa，额定电流为 10mA，功率滑阀全周开口，阀芯直径 $d = 0.5 \times 10^{-2}\text{m}$，喷嘴中心至弹簧管旋转中心距离 $r = 0.87 \times 10^{-2}\text{m}$，反馈

杆小球中心至喷嘴中心距离 $b = 1.33 \times 10^{-2}$m，反馈杆刚度 $K_f = 2.8 \times 10^3$N/m。求力矩马达力矩系数 K_t。计算时取流量系数 $C_d = 0.62$，油液密度 $\rho = 870$kg/m³。

5. 已知电液伺服阀额定流量为 10L/min，额定压力为 21MPa，额定电流为 10mA，功率滑阀为零开口四边滑阀，其零位泄漏流量为额定流量的 4%，伺服阀控制的双作用液压缸 $A_p = 20 \times 10^{-4}$m²，当伺服阀输入电流为 0.1mA 时，求液压缸最大输出速度和最大输出力。

第6章 电液伺服系统

电液伺服系统综合了电气和液压两方面的特长,具有控制精度高、响应速度快、输出功率大、信号处理灵活、易于实现各种参量的反馈等优点。因此,电液伺服系统在负载质量大又要求响应速度快的场合使用最为合适,其应用已遍及国民经济和军事工业的各个技术领域。航空发动机乃至飞行器所使用的电液作动器及精密位置控制系统均采用电液伺服系统。

6.1 电液伺服系统的类型

电液伺服系统的分类方法很多,可以从不同角度分类,如位置控制、速度控制、力控制等;阀控系统、泵控系统;大功率系统、小功率系统;开环控制系统、闭环控制系统等。根据输入信号的形式不同,又可分为模拟伺服系统和数字伺服系统两类。下面对模拟伺服系统和数字伺服系统作一简单说明。

6.1.1 模拟伺服系统

在模拟伺服系统中,全部信号都是连续的模拟量,如图 6-1 所示。在此系统中,输入信号、反馈信号、偏差信号及其放大、校正都是连续的模拟量。电信号可以是直流量,也可以是交流量。直流量和交流量相互转换可以通过调制器或解调器完成。

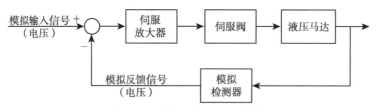

图 6-1 模拟伺服系统方框图

模拟伺服系统重复精度高,但分辨能力较低 (绝对精度低)。伺服系统的精度在很大程度上取决于检测装置的精度,而模拟式检测装置的精度一般低于数字式检测装置,所以模拟伺服系统分辨能力低于数字伺服系统,另外,模拟伺服系统中微小信号容易受到噪声和零漂的影响，因此当输入信号接近或小于输入端的噪声和零漂时，就难以进行有效的控制了。

6.1.2　数字伺服系统

在数字伺服系统中，全部信号或部分信号是离散参量。因此，数字伺服系统又分为全数字伺服系统和数字–模拟伺服系统两种。在全数字伺服系统中，动力元件必须能够接收数字信号，可采用数字阀或电液步进马达。数字–模拟伺服系统方框图如图 6-2 所示。数控装置发出的指令脉冲与反馈脉冲相比较后产生数字偏差，经数–模转换器把信号变为模拟偏差电压，后面的动力部分不变，仍是模拟元件。系统输出通过数字检测器 (即模数转换器) 变为反馈脉冲信号。

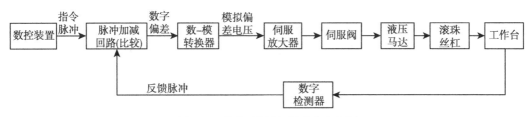

图 6-2　数字–模拟伺服系统方框图

数字检测装置有很高的分辨能力，所以数字伺服系统可以得到很高的绝对精度。数字伺服系统的输入信号是很强的脉冲电压，受模拟量的噪声和零漂的影响很小。所以当要求较高的绝对精度，而不是重复精度时，常采用数字伺服系统。此外，它还能运用数字计算机对信息进行储存、解算和控制，在大系统中实现多环路、多参量的实时控制，因此有着广阔的发展前景。但是，从经济性、可靠性方面来看，简单的伺服系统仍以采用模拟型控制为宜。

下面研究位置控制和力控制电液模拟伺服系统。

6.2　电液位置伺服系统

6.1 节提及，电液伺服系统的分类方法很多，例如，按被控制量分，有位置控制、速度控制及力控制等。其中，电液位置伺服控制一般主要通过液压缸或液压马达实现对负载或驱动对象的直线位移或角位移的闭环控制。

电液位置伺服系统是最基本和最常用的一种液压伺服系统，如机床工作台的位置、板带轧机的板厚、带材跑偏控制、飞机和船舶的舵机控制、雷达和火炮控制系统以及振动试验台等。在其他物理量的控制系统中，如速度控制和力控制等系统中，也常用位置控制小回路作为大回路的一个环节。航空发动机中，燃油计量装置计量阀的开度控制、导叶角和矢量喷管作动筒的位移控制等均为电液位置伺服系统。

6.2.1　系统的组成及其传递函数

电液伺服系统的动力元件不外乎阀控式和泵控式两种基本形式，但由于所采用的指令装置、反馈测量装置和相应的放大、校正的电子部件不同，就构成了不同的系统。如果采用电位器作为指令装置和反馈测量装置，就可以构成直流电液位置伺服系统，如第 1 章所介绍的双电位器电液位置伺服系统。当采用自整角机或旋转变压器作为指令装置和反馈测量装置时, 就可构成交流电液位置伺服系统。

图 6-3 是采用线性可变差动变压器 (linear variable differential transformer, LVDT, 一种常见的直线位移传感器) 作为位移测量装置的电液位置伺服系统方框图。

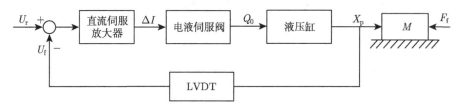

图 6-3　电液位置伺服系统方框图

伺服放大器和伺服阀力矩马达线圈的传递函数与伺服放大器的形式有关。当采用电流负反馈放大器时, 线圈的转折频率 ω_a 很高, 可以忽略。伺服放大器输出电流 Δi 与输入电压 u_g 近似成比例。其传递函数可用伺服阀增益 K_a 表示, 即

$$\frac{\Delta I}{U_g} = K_a \tag{6-1}$$

电液伺服阀的传递函数采用什么形式, 取决于动力元件的液压固有频率的大小。当伺服阀的频宽与液压固有频率相近时, 伺服阀可近似看成二阶振荡环节

$$K_{sv}G_{sv}(s) = \frac{Q_0}{\Delta I} = \frac{K_{sv}}{\dfrac{s^2}{\omega_{sv}^2} + \dfrac{2\zeta_{sv}}{\omega_{sv}}s + 1} \tag{6-2}$$

当伺服阀的频宽大于液压固有频率 (3~5 倍) 时, 伺服阀可近似看成惯性环节

$$K_{sv}G_{sv}(s) = \frac{Q_0}{\Delta I} = \frac{K_{sv}}{T_{sv}s + 1} \tag{6-3}$$

当伺服阀的频宽远大于液压固有频率 (5~10 倍) 时, 伺服阀可近似看成比例环节

$$K_{sv}G_{sv}(s) = \frac{Q_0}{\Delta I} = K_{sv} \tag{6-4}$$

式中, K_{sv}——伺服阀的流量增益;

　　$G_{sv}(s)$——K_{sv}=1 时伺服阀的传递函数;

　　Q_0——伺服阀的空载流量;

　　ω_{sv}——伺服阀的固有频率;

　　ζ_{sv}——伺服阀的阻尼比;

　　T_{sv}——伺服阀的时间常数。

在没有弹性负载和不考虑结构柔度的影响时, 阀控液压缸的动态方程可由式 (3-17) 表示, 这里改写为以流量输入的形式

$$X_p = \frac{\dfrac{1}{A_p}Q_0 - \dfrac{K_{ce}}{A_p^2}\left(1 + \dfrac{V_t}{4\beta_e K_{ce}}s\right)F_L}{s\left(\dfrac{s^2}{\omega_h^2} + \dfrac{2\zeta_h}{\omega_h}s + 1\right)} \tag{6-5}$$

由式 (6-1)～ 式 (6-5) 可以画出系统的方框图,如图 6-4 所示。由该方框图可写出系统的开环传递函数为

$$G(s)H(s) = \frac{K_{\mathrm{v}}G_{\mathrm{sv}}(s)}{s\left(\dfrac{s^2}{\omega_{\mathrm{h}}^2} + \dfrac{2\zeta_{\mathrm{h}}}{\omega_{\mathrm{h}}}s + 1\right)} \tag{6-6}$$

式中,K_{v}——开环增益 (也称速度放大系数),$K_{\mathrm{v}} = \dfrac{K_{\mathrm{a}}K_{\mathrm{sv}}K_{\mathrm{f}}}{A_{\mathrm{p}}}$ 。

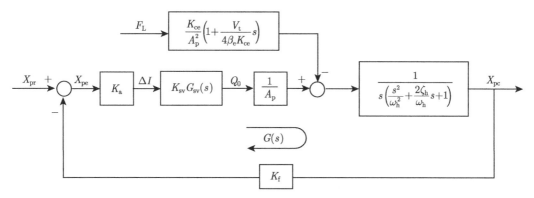

图 6-4　电液位置伺服系统方框图

当考虑电液伺服阀的动特性时,由式 (6-6) 所表示的系统开环传递函数还是比较复杂的。为了简化分析,并得到一个比较简单的稳定判据,希望将式 (6-6) 进一步简化。通常电液伺服阀的响应速度较快,与液压动力元件相比,其动态特性可以忽略不计,把它看成比例环节。这样,系统的方框图可以简化为图 6-5 所示的形式。而系统的开环传递函数可以简化为

$$G(s)H(s) = \frac{K_{\mathrm{v}}}{s\left(\dfrac{s^2}{\omega_{\mathrm{h}}^2} + \dfrac{2\zeta_{\mathrm{h}}}{\omega_{\mathrm{h}}}s + 1\right)} \tag{6-7}$$

这个近似式除特殊情况外,一般都是正确的。因为液压固有频率通常总是回路中最低的,由它决定了系统的动态特性。

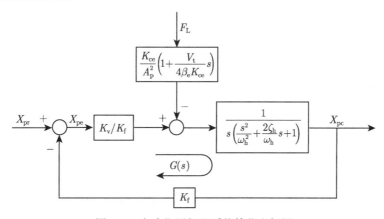

图 6-5　电液位置伺服系统简化方框图

图 6-5 所示的简化方框图和式 (6-7) 所表示的简化开环传递函数很有代表性，一般的液压位置伺服系统往往都能够简化成这种形式。

6.2.2　系统的稳定性分析

简化后的方框图和开环传递函数与第 4 章所讨论的机液位置伺服系统的方框图和开环传递函数具有相同的形式。因此，系统的稳定条件仍为

$$K_{\mathrm{v}} < 2\zeta_{\mathrm{h}}\omega_{\mathrm{h}} \tag{6-8}$$

为了保证系统可靠地稳定工作，并具有满意的性能指标，要求系统有适当的稳定裕量。通常相位裕量应在 $30° \sim 60°$，增益裕量 $20\lg K_{\mathrm{g}}$ 应大于 6dB(或 $K_{\mathrm{g}} > 2$)。下面讨论 $\gamma \geqslant 45°$、$20\lg K_{\mathrm{g}} \geqslant 6$dB 时，系统的开环增益应该取多大。

如果取增益裕量 $20\lg K_{\mathrm{g}} \geqslant 6dB(K_{\mathrm{g}} \geqslant 2)$，则有

$$\frac{K_{\mathrm{v}}}{2\zeta_{\mathrm{h}}\omega_{\mathrm{h}}} \leqslant \frac{1}{K_{\mathrm{g}}} = \frac{1}{2}$$

可得

$$\frac{K_{\mathrm{v}}}{\omega_{\mathrm{h}}} \leqslant \zeta_{\mathrm{h}} \tag{6-9}$$

在相位裕量 $\gamma = 45°$ 时，其对应的相位为

$$\varphi(\omega_{\mathrm{c}}) = -\frac{\pi}{2} - \arctan\frac{2\zeta_{\mathrm{h}}\dfrac{\omega_{\mathrm{c}}}{\omega_{\mathrm{h}}}}{1 - \left(\dfrac{\omega_{\mathrm{c}}}{\omega_{\mathrm{h}}}\right)^2} = -\frac{3}{4}\pi$$

因为 ω_{c} 只能取正值，故解得

$$\frac{\omega_{\mathrm{c}}}{\omega_{\mathrm{h}}} = -\zeta_{\mathrm{h}} + \sqrt{\zeta_{\mathrm{h}}^2 + 1} \tag{6-10}$$

如果取相位裕量 $\gamma \geqslant 45°$，则式 (6-10) 中的 ω_{c} 所对应的对数幅值

$$20\lg\frac{K_{\mathrm{v}}}{\omega_{\mathrm{c}}\sqrt{\left[1 - \left(\dfrac{\omega_{\mathrm{c}}}{\omega_{\mathrm{h}}}\right)^2\right]^2 + \left(2\zeta_{\mathrm{h}}\dfrac{\omega_{\mathrm{c}}}{\omega_{\mathrm{h}}}\right)^2}} \leqslant 0 \tag{6-11}$$

由式 (6-10) 和式 (6-11) 可解得

$$\frac{K_{\mathrm{v}}}{\omega_{\mathrm{h}}} \leqslant 2\sqrt{2}\zeta_{\mathrm{h}}\left(\sqrt{\zeta_{\mathrm{h}}^2 + 1} - \zeta_{\mathrm{h}}\right)^2 \tag{6-12}$$

当开环增益 K_{v} 取式 (6-9)、式 (6-12) 中的最小值时，就能同时满足 $\gamma \geqslant 45°$、$20\lg K_{\mathrm{g}} \geqslant 6$dB 的要求。未校正的液压位置伺服系统的阻尼比很小，因此相位裕量比较大，一般为 $70° \sim 80°$，可以根据增益裕量来确定 K_{v} 值，即由式 (6-9) 确定。

根据式 (6-9) 和式 (6-12) 可画出无量纲开环增益 $K_{\mathrm{v}}/\omega_{\mathrm{h}}$ 与阻尼比的关系曲线，如图 6-6 所示。在图中，同时画出了闭环频率响应谐振峰值 $M_{\mathrm{r}}=1.3$ 时，$K_{\mathrm{v}}/\omega_{\mathrm{h}}$ 与 ζ_{h} 的关系曲线。

图 6-6 表明，由式 (6-9) 和式 (6-12) 得到的曲线与 $M_r=1.3$ 的曲线是比较一致的。也就是说，以液压阻尼比 ζ_h 为参变量，根据式 (6-9) 和式 (6-12) 选取无量纲开环增益 K_v/ω_h，可以近似认为系统闭环频率响应的谐振峰值 $M_r \leqslant 1.3$。此时，单位阶跃响应的最大超调量小于 23%。

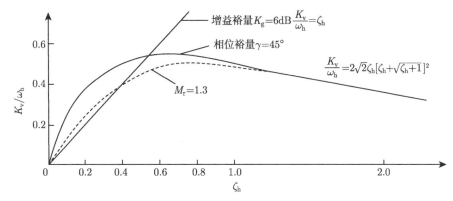

图 6-6　无量纲开环增益 K_v/ω_h 与阻尼比 ζ_h 的关系曲线

6.2.3　系统的响应特性分析

系统闭环响应特性包括对指令信号和对外负载力干扰的闭环响应两个方面。在系统设计时，通常只考虑对指令信号的响应特性，而对外负载力干扰只考虑系统的闭环刚度。

1. 对指令输入的闭环频率响应

由图 6-5 所示的方框图可求得系统的闭环传递函数为

$$\frac{X_{pc}}{X_{pr}} = \frac{K_v}{\dfrac{s^3}{\omega_h^2} + 2\dfrac{\zeta_h}{\omega_h}s^2 + s + K_v}$$

$$= \frac{1}{\dfrac{\omega_h}{K_v}\left(\dfrac{s}{\omega_h}\right)^3 + 2\zeta_h\left(\dfrac{\omega_h}{K_v}\right)\left(\dfrac{s}{\omega_h}\right)^2 + \left(\dfrac{\omega_h}{K_v}\right)\left(\dfrac{s}{\omega_h}\right) + 1} \tag{6-13}$$

这是个三阶系统，其特征方程可用一个一阶因式和一个二阶因式表示，即

$$\frac{X_{pc}}{X_{pr}} = \frac{1}{\left(\dfrac{s}{\omega_b}+1\right)\left(\dfrac{s^2}{\omega_{nc}^2} + \dfrac{2\zeta_{nc}}{\omega_{nc}}s + 1\right)} \tag{6-14}$$

式中，ω_b——闭环惯性环节的转折频率；

　　　ω_{nc}——闭环振荡环节的固有频率；

　　　ζ_{nc}——闭环振荡环节的阻尼比。

如果特征方程的系数是具体的数值，则可以求得 ω_b、ω_{nc} 和 ζ_{nc}，但符号表达式不易求解。可以利用式 (6-13) 和式 (6-14) 特征方程对应系数间的相互关系，把闭环参数 ω_b、ω_{nc}、ζ_{nc} 和开环参数 K_v、ω_h、ζ_h 之间的关系解出来，将它们绘成无量纲曲线，如图 6-7 ~ 图 6-9 所示。已知开环参数 K_v、ω_h、ζ_h，利用这些曲线就可以求得闭环参数 ω_b、ω_{nc}、ζ_{nc}。分析

这些曲线，可以发现，当 ζ_{h} 和 $K_{\mathrm{v}}/\omega_{\mathrm{h}}$ 值都较小时，闭环参数与开环参数有如下的近似关系： $\omega_{\mathrm{b}} \approx K_{\mathrm{v}}, \omega_{\mathrm{nc}} \approx \omega_{\mathrm{h}}, \zeta_{\mathrm{nc}} \approx \zeta_{\mathrm{h}} - \dfrac{1}{2}(K_{\mathrm{v}}/\omega_{\mathrm{h}})$。

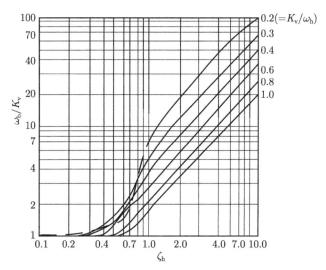

图 6-7   闭环惯性环节转折频率的无量纲曲线

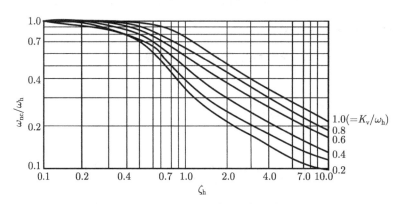

图 6-8   闭环振荡环节固有频率无量纲曲线

由于未校正的液压位置伺服系统的 ζ_{h} 很小，$K_{\mathrm{v}}/\omega_{\mathrm{h}}$ 受到的稳定性限制也比较小，故上述近似关系在系统初步设计时是很有用的，利用它可以估算出系统的动态品质。

根据式 (6-14) 可画出系统的闭环频率特性曲线，如图 6-10 所示。该曲线反映了伺服系统的响应能力。系统响应的快速性可用频宽表示。幅值频宽是幅值下降至 $-3\mathrm{dB}$，即下降到低频值的 0.707 时所对应的频率范围。此外，还可以用相位频宽度量响应的快速性。相位频宽是相位滞后 90° 时所对应的频宽范围。图 6-10 表明，系统的频宽近似等于闭环惯性环节的转折频率 ω_{b}。因为在开环阻尼比 ζ_{h} 很小时，闭环振荡环节的固有频率 ω_{nc} 较高，系统的响应速度由闭环惯性环节所决定。图 6-7 表明，在阻尼比 ζ_{h} 较小时，$\omega_{\mathrm{b}}/K_{\mathrm{v}}$ 略大于 1，又因为 $\omega_{\mathrm{c}} \approx K_{\mathrm{v}}$，所以系统的频宽 ω_{b} 略大于穿越频率 ω_{c}，相位频宽也略大于 ω_{c}。

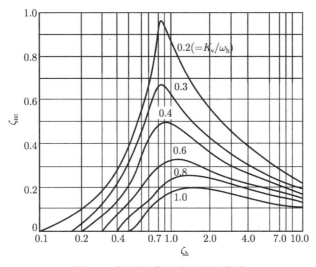

图 6-9　闭环振荡环节阻尼比曲线

液压伺服系统的频宽主要受液压动力元件的限制，即受 ω_h 和 ζ_h 限制。所以要提高系统的响应速度，就必须提高 ω_h 和适当地提高 ζ_h。由图 6-8 可知，过大的 ζ_h 值将使 ω_{nc} 降低，会影响系统的响应速度。

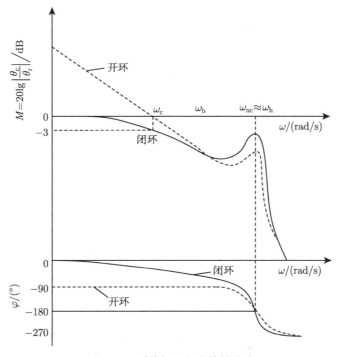

图 6-10　系统闭环频率特性曲线

2. 系统的闭环刚度特性

由图 6-5 和式 (6-14) 可写出系统对外负载力的传递函数为

$$\frac{X_p}{F_L} = \frac{-\dfrac{K_{ce}}{K_v A_p^2}\left(1 + \dfrac{V_t}{4\beta_e K_{ce}}s\right)}{\left(\dfrac{s}{\omega_b} + 1\right)\left(\dfrac{s^2}{\omega_{nc}^2} + \dfrac{2\zeta_{nc}}{\omega_{nc}}s + 1\right)} \tag{6-15}$$

式 (6-15) 表示系统的闭环柔度特性,其倒数即系统的闭环刚度特性。考虑到 $B_p=0$ 时,$2\zeta_h\omega_h = \dfrac{4\beta_e K_{ce}}{V_t}$,则闭环刚度可写成

$$\frac{F_L}{X_p} = \frac{-\dfrac{K_v A_p^2}{K_{ce}}\left(\dfrac{s}{\omega_b} + 1\right)\left(\dfrac{s^2}{\omega_{nc}^2} + \dfrac{2\zeta_{nc}}{\omega_{nc}}s + 1\right)}{\dfrac{s}{2\zeta_h\omega_h} + 1} \tag{6-16}$$

由于闭环惯性环节的转折频率 ω_b 和 $2\zeta_h\omega_h$ 值很接近,因此一阶滞后环节和一阶超前环节可近似抵消,则刚度的表达式简化为

$$\frac{F_L}{X_p} = -\frac{K_v A_p^2}{K_{ce}}\left(\frac{s^2}{\omega_{nc}^2} + \frac{2\zeta_{nc}}{\omega_{nc}}s + 1\right) \tag{6-17}$$

根据式 (6-17) 绘制的闭环动态刚度特性曲线见图 6-11。由图可见,在谐振频率 ω_{nc} 处闭环刚度最小,其值为

$$\left|-\frac{F_L}{X_p}\right|_{min} = \frac{2\zeta_{nc}K_v A_p^2}{K_{ce}} \tag{6-18}$$

在式 (6-16) 中,令 $s = 0$,可得系统的闭环静态刚度为

$$\left|-\frac{F_L}{X_p}\right| = \frac{K_v A_p^2}{K_{ce}} \tag{6-19}$$

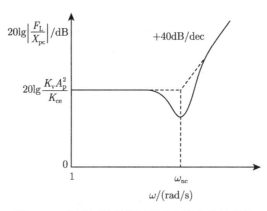

图 6-11　位置伺服系统闭环动态刚度特性曲线

　　系统的闭环刚度与开环放大系数 K_v 成正比。为了减小由外负载力所引起的位置误差,希望提高开环放大系数,但 K_v 的提高受系统稳定性的限制。为了得到较高的闭环刚度,可以在系统中加入校正装置,例如,滞后校正或在小回路中加入速度反馈校正等。

　　上面所讨论的刚度,完全是伺服系统本身的刚度,不包括连接件、机械传动装置和机架机座等部件的刚度。如果这些部件的刚度比伺服系统的还要低,则提高伺服系统的刚度也不会对增加总刚度有多大影响,此时必须设法提高机械部件的机械刚度。

6.2.4 系统的稳态误差分析

稳态误差表示系统的控制精度，是伺服系统一个重要的性能指标。稳态误差是输出量的希望值与其稳态的实际值之差。它由输入指令、外负载力 (或外负载力矩) 干扰和系统中的零漂、死区等内干扰引起。稳态误差与系统本身的结构和参数有关，也与输入信号的形式有关。

1. 指令输入引起的稳态误差

由指令输入引起的稳态误差也称跟随误差。根据稳态误差的定义有

$$E_{\mathrm{r}}(s) = \frac{X_{\mathrm{pr}}(s)}{H(s)} - X_{\mathrm{pc}}(s) \tag{6-20}$$

式中，$E_{\mathrm{r}}(s)$——稳态误差的拉普拉斯变换；

　　　$X_{\mathrm{pr}}(s)$——指令输入的拉普拉斯变换；

　　　$H(s)$——反馈通道的传递函数；

　　　$X_{\mathrm{pc}}(s)$——输出量的实际值的拉普拉斯变换。

对于图 6-5 所示的单位反馈系统，$H(s) = 1$。根据图 6-5 和式 (4-20) 可求出系统对指令输入的误差传递函数为

$$\phi_{\mathrm{er}}(s) = \frac{E_{\mathrm{r}}(s)}{X_{\mathrm{pr}}(s)} = \frac{1}{H(s)[1 + H(s)G(s)]} = \frac{s\left(\dfrac{s^2}{\omega_{\mathrm{h}}^2} + \dfrac{2\zeta_{\mathrm{h}}}{\omega_{\mathrm{h}}}s + 1\right)}{K_{\mathrm{f}}s\left(\dfrac{s^2}{\omega_{\mathrm{h}}^2} + \dfrac{2\zeta_{\mathrm{h}}}{\omega_{\mathrm{h}}}s + 1\right) + K_{\mathrm{v}}K_{\mathrm{f}}} \tag{6-21}$$

式中，$G(s)$——前向通道的传递函数。

利用拉普拉斯变换的终值定理，求得稳态误差为

$$e_{\mathrm{r}}(\infty) = \lim_{s \to 0} sE_{\mathrm{r}}(s) = \lim_{s \to 0} s\phi_{\mathrm{er}}(s)X_{\mathrm{pr}}(s) \tag{6-22}$$

将式 (6-21) 代入式 (6-22)，得

$$e_{\mathrm{r}}(\infty) = \lim_{s \to 0} \frac{s^2\left(\dfrac{s^2}{\omega_{\mathrm{h}}^2} + \dfrac{2\zeta_{\mathrm{h}}}{\omega_{\mathrm{h}}}s + 1\right)}{K_{\mathrm{f}}s\left(\dfrac{s^2}{\omega_{\mathrm{h}}^2} + \dfrac{2\zeta_{\mathrm{h}}}{\omega_{\mathrm{h}}}s + 1\right) + K_{\mathrm{v}}K_{\mathrm{f}}} x_{\mathrm{r}}(s) \tag{6-23}$$

系统稳态误差与输入信号形式有关，即与 $X_{\mathrm{pr}}(s)$ 有关。下面取阶跃输入、等速输入和等加速输入作为典型输入信号来分析系统的稳态误差。

1) 阶跃输入

对阶跃输入 X_{pr} 有

$$X_{\mathrm{pr}}(s) = \frac{X_{\mathrm{pr}}}{s} \tag{6-24}$$

代入式 (6-23)，得稳态误差 $e_{\mathrm{r}}(\infty) = 0$。因为该系统开环传递函数中含有一个积分环节，因此是一阶无差系统，对系统阶跃输入，其稳态误差为零。

2) 等速输入

对等速输入 $\dot{X}_{\mathrm{pr}}$ 有

$$X_{\mathrm{pr}}(s) = \frac{\dot{X}_{\mathrm{pr}}}{s^2} \tag{6-25}$$

代入式 (6-23)，得稳态误差

$$e_{\mathrm{r}}(\infty) = \frac{\dot{X}_{\mathrm{pr}}}{K_{\mathrm{v}}K_{\mathrm{f}}} \tag{6-26}$$

稳态速度误差是系统跟随等速输入时所产生的位置误差，而不是速度上的误差。

3) 等加速输入

对等加速输入 $\ddot{X}_{\mathrm{pr}}$，则

$$X_{\mathrm{pr}}(s) = \frac{\ddot{X}_{\mathrm{pr}}}{s^3} \tag{6-27}$$

代入式 (6-23)，得稳态误差 $e_{\mathrm{r}}(\infty) = \infty$。该系统 (Ⅰ型系统) 不能跟随等加速输入。

2. 负载干扰力引起的稳态误差

由负载干扰力引起的稳态误差也称负载误差。由图 6-5 可求得系统对外负载力的误差传递函数为

$$\phi_{\mathrm{eL}}(s) = \frac{E_{\mathrm{L}}(s)}{F_{\mathrm{L}}(s)} = \frac{-X_{\mathrm{pc}}(s)}{F_{\mathrm{L}}(s)} = \frac{\dfrac{K_{\mathrm{ce}}}{A_{\mathrm{p}}^2}\left(1 + \dfrac{V_{\mathrm{t}}}{4\beta_{\mathrm{e}}K_{\mathrm{ce}}}s\right)}{s\left(\dfrac{s^2}{\omega_{\mathrm{h}}^2} + \dfrac{2\zeta_{\mathrm{h}}}{\omega_{\mathrm{h}}}s + 1\right) + K_{\mathrm{v}}} \tag{6-28}$$

式 (6-28) 的倒数就是系统的闭环动态刚度特性。

稳态负载误差为

$$e_{\mathrm{L}}(\infty) = \lim_{s\to 0} s\phi_{\mathrm{eL}}(s)F_{\mathrm{L}}(s) \tag{6-29}$$

对恒值外负载力 F_{L0}，则有 $F_{\mathrm{L}}(s) = \dfrac{F_{\mathrm{L0}}}{s}$，可得

$$e_{\mathrm{L}}(\infty) = \frac{K_{\mathrm{ce}}}{K_{\mathrm{v}}A_{\mathrm{p}}^2}F_{\mathrm{L0}} \tag{6-30}$$

式 (6-30) 表明，负载误差 $e_{\mathrm{L}}(\infty)$ 的大小与负载干扰力 F_{f} 成正比，而与系统的闭环静刚度 $\dfrac{K_{\mathrm{v}}A_{\mathrm{p}}^2}{K_{\mathrm{ce}}}$ 成反比。

从上面分析可以看出，提高速度放大系数 K_{v}，对于减小速度误差和负载误差都是有利的，而且还能减小由库仑摩擦、滞环和间隙等所引起的非线性作用，从而提高系统的准确性。但受到系统稳定性的限制。另外，还可看出，要减小负载误差就应减小 K_{ce}，这将使阻尼比减小。因此，减小负载误差和增大阻尼比是矛盾的。解决这些矛盾的方法是对系统进行校正。

3. 零漂和死区等引起的静态误差

除了速度误差和负载误差，放大器、电液伺服阀的零漂、死区以及使负载运动时的静摩擦都要引起位置误差。为了区别上述稳态误差，将零漂、死区等在系统中造成的误差，称为系统的静差。

　　液压缸和负载等运动时的静摩擦力 F_f，可以看成外负载力作用于系统，对外负载力来说，系统是零型系统，因此静摩擦力要引起位置误差，形成死区 (或静不灵敏区)。根据图 6-12，静摩擦力引起的静态位置误差为

$$\Delta X_{pc} = \frac{K_{ce}F_f}{K_v A_p^2} \qquad (6\text{-}31)$$

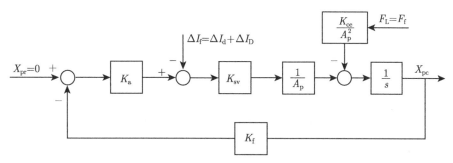

图 6-12　对静干扰的方框图

静摩擦力折算到伺服阀输入端的死区电流为

$$\Delta I_{D1} = \frac{K_{ce}F_f}{K_{sv}A_p} \qquad (6\text{-}32)$$

　　电液伺服阀的零漂和死区所引起的位置误差为

$$\Delta X_{pc} = \frac{\Delta I_d + \Delta I_D}{K_a K_f} \qquad (6\text{-}33)$$

式中，ΔI_d——伺服阀的零漂电流值；

　　　　ΔI_D——伺服阀的死区电流值。

　　在计算系统的总静差时，可以将系统中各元件的零漂和死区都折算到伺服阀的输入端，以伺服阀的输入电流值表示。假设总的零漂和死区电流为 $\sum \Delta I$，则总的静态位置误差为

$$\Delta X_{pc} = \frac{\sum \Delta I}{K_a K_f} \qquad (6\text{-}34)$$

ΔX_{pc} 也称系统的位置分辨率。因为只有当伺服阀的输入电流大于 $\sum \Delta I$ 时，系统才能有对应的输出。

　　从上面的分析可以看出，为了减小零漂和死区等引起的干扰误差，应增大干扰作用点以前的回路增益 (包括反馈回路的增益)。在系统各元件的增益分配时应考虑这一点。显然，对所讨论的系统而言，增大 K_a、K_f 对减小各干扰量所引起的位置误差都是有利的，但要受系统稳定性能其他性能要求的限制。对阀控液压马达系统，特别是采用自整角机等指令信号给定与反馈信号输出的交流装置，还需要用相敏放大器，此时增加回路中的自整角机的增益和相敏放大器的增益对减小各干扰量引起的位置误差均是有利的。

　　检测器的误差在控制回路之外，与回路的增益无关，它的误差直接反映到系统的输出端，从而直接影响系统的精度。显然，控制系统的精度无论如何也不会超过反馈测量系统的精度。因此，在高精度控制系统中，要注意反馈测量装置的选择。

6.2.5　计算举例

图 6-13 所示电液位置伺服系统方框图。已知：液压缸有效面积 $A_{\mathrm{p}}=168\times10^{-4}\mathrm{m}^2$，系统总流量压力系数为 $K_{\mathrm{ce}}=1.2\times10^{-11}\mathrm{m}^3/\mathrm{s\cdot Pa}$，最大工作速度 $V_{\max}=2.2\times10^{-2}\mathrm{m/s}$，最大静摩擦力 $F_{\mathrm{f}}=1.75\times10^{4}\mathrm{N}$，伺服阀零漂和死区电流总计为 15mA。取增益裕量为 6dB，试确定放大器增益，穿越频率和相位裕量；求系统的跟随误差和静态误差。

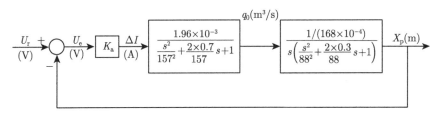

图 6-13　电液位置伺服系统方框图

系统的开环传递函数为

$$G(s)H(s)=\frac{K_{\mathrm{v}}}{s\left(\dfrac{s^2}{157^2}+\dfrac{2\times0.7}{157}s+1\right)\left(\dfrac{s^2}{88^2}+\dfrac{2\times0.3}{88}s+1\right)}$$

式中，开环放大系数

$$K_{\mathrm{v}}=\frac{K_{\mathrm{a}}K_{\mathrm{sv}}}{A_{\mathrm{p}}}=\frac{1.96\times10^{-3}}{168\times10^{-4}}K_{\mathrm{a}}$$

光电检测器与放大器增益 K_{a} 待定。

绘制 $K_{\mathrm{v}}=1$ 时的开环伯德图，如图 6-14 所示。图中相位曲线 1、2、3 分别是积分环节、伺服阀和阀控液压缸的相位曲线，其代数和为总相位曲线 4。为了满足系统的增益裕量为 6dB，可将图 6-14 中的零分贝线由 0′ 移至 0。由图可查得穿越频率 $\omega_{\mathrm{c}}=26.7\mathrm{rad/s}$，对应的相位裕量为 $\gamma=78.7°$，由新、老零分贝线的距离可得系统的开环放大系数 $K_{\mathrm{v}}=24.7\mathrm{L/s}$。光电检测器与伺服放大增益

$$K_{\mathrm{a}}=\frac{K_{\mathrm{v}}}{1.96\times10^{-3}\times59.5}=211.8\mathrm{A/m}$$

系统的跟随误差为

$$e_{\mathrm{r}}(\infty)=\frac{V_{\max}}{K_{\mathrm{v}}}=\frac{2.2\times10^{-2}}{24.7}\mathrm{m}=0.89\times10^{-3}\mathrm{m}$$

静摩擦力引起的死区电流为

$$\Delta I_{\mathrm{D1}}=\frac{K_{\mathrm{ce}}}{K_{\mathrm{sv}}A_{\mathrm{p}}}F_{\mathrm{f}}=\frac{1.2\times10^{-11}}{1.96\times10^{-3}\times168\times10^{-4}}\times1.75\times10^{4}\mathrm{A}=6.38\times10^{-3}\mathrm{A}$$

零漂和死区引起的总静态误差为

$$\Delta x_{\mathrm{p}}=\frac{\Sigma\Delta I}{K_{\mathrm{a}}}=\frac{(15+6.38)\times10^{-3}}{211.8}\mathrm{m}=0.1\times10^{-3}\mathrm{m}$$

系统的总误差为跟随误差和总静态误差之和，即 $(0.89+0.1)\times10^{-3}=0.99\times10^{-3}\mathrm{m}$。

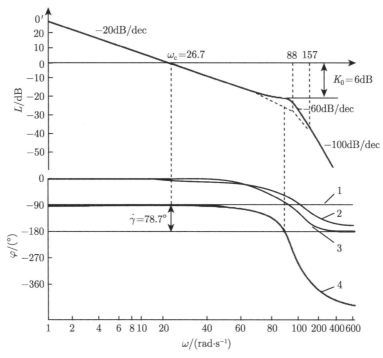

图 6-14　系统 $K_v = 1$ 时的开环伯德图

6.3　电液伺服系统的校正

以上讨论了比例控制的电液位置伺服系统, 其性能主要由动力元件参数 ω_h 和 ζ_h 决定。对这种系统, 单纯靠调整增益往往满足不了系统的全部性能指标, 这时就要对系统进行校正。高性能的电液伺服系统一般都要加校正装置。

对液压伺服系统进行校正时, 要注意到它的特点。液压位置伺服系统的开环传递函数通常可以简化为一个积分环节和一个振荡环节, 而液压阻尼比一般都比较小, 使得增益裕量不足, 相位裕量有余。另一个特点是参数变化较大, 特别是阻尼比随工作点在很大的范围内变化。

6.3.1　滞后校正

滞后校正的主要作用是通过提高低频段增益, 减小系统的稳态误差, 或者在保证系统稳态精度的条件下, 通过降低系统高频段的增益, 以保证系统的稳定性。

图 6-15(a) 表示一种由电阻、电容组成的滞后校正网络。它串联在前向通路的直流部分上, 对全部为直流信号传输的回路, 接在伺服阀功率放大器前 (对有交流转直流的回路, 接在相敏放大器和功率放大器之间)。其传递函数为

$$G_c(s) = \frac{u_o(s)}{u_i(s)} = \frac{\dfrac{s}{\omega_{rc}} + 1}{\dfrac{\alpha s}{\omega_{rc}} + 1} \tag{6-35}$$

式中，ω_{rc}——超前环节的转折频率，$\omega_{rc} = \dfrac{1}{RC}$，$R$、$C$ 为电阻及电容；

　　　　α——滞后超前比，$\alpha > 1$。

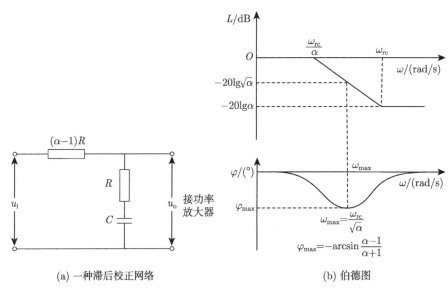

(a) 一种滞后校正网络　　　　　　　(b) 伯德图

图 6-15　滞后校正网络及其伯德图

　　由于 $\alpha > 1$，滞后时间常数大于超前时间常数，网络具有纯相位滞后。其伯德图见图 6-15(b)，可以看出滞后校正网络是一个低通滤波器。利用它的高频衰减特性，可以在保持系统稳定的条件下，提高系统的低频增益，改善系统的稳态性能，或者在保证系统稳态精度的条件下，降低系统的高频增益，以保证系统的稳定性。滞后校正利用的是高频衰减特性，而不是相位滞后。在阻尼比较小的液压伺服系统中，提高放大系数的限制因素是增益裕量，而不是相位裕量，因此采用滞后校正是合适的。

　　图 6-5 所示的系统加入滞后校正后，系统的开环传递函数为

$$G(s)H(s) = \frac{K_{vc}\left(\dfrac{s}{\omega_{rc}} + 1\right)}{s\left(\dfrac{\alpha}{\omega_{rc}}s + 1\right)\left(\dfrac{s^2}{\omega_h^2} + \dfrac{2\zeta_h}{\omega_h}s + 1\right)} \tag{6-36}$$

式中，K_{vc}——校正后的校正速度放大系数，$K_{vc} = \alpha K_v$。

　　根据式 (6-36) 可绘出校正后系统的开环伯德图，见图 6-16 中的曲线 1。

　　设计滞后校正网络主要是确定参数 ω_c、ω_{rc} 和 α。设计步骤如下：

　　(1) 根据稳态误差的要求，确定系统的速度放大系数 K_{vc}。

　　(2) 利用已确定的速度放大系数 K_{vc}，画出未校正系统的伯德图，如图 6-16 中的曲线 2，检查未校正系统的相位裕量和增益裕量，看是否满足要求。

　　(3) 如果不满足要求，则应根据相位裕量和增益裕量的要求确定新的增益穿越频率 ω_c。在 ω_c 处的相位为

$$\varphi_c(\omega_c) = -180° + [\gamma + (5° \sim 12°)] \tag{6-37}$$

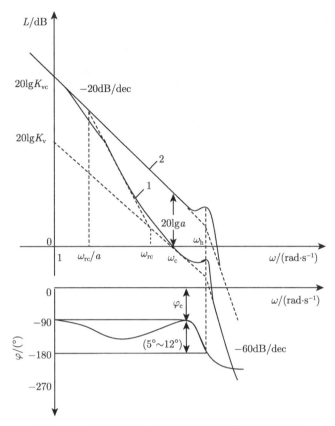

图 6-16　具有滞后校正的位置伺服系统开环伯德图

式中，γ 是要求的相位裕量，增加 5°~12° 是为了补偿滞后校正网络在 ω_c 处引起的相位滞后。ω_{rc} 靠近 ω_c 时取大值，反之取小值。在伯德图上根据式 (6-37) 可确定出 ω_c。在 ζ_h 比较小时，增益裕量难以保证，应根据增益裕量确定 ω_c，然后检查相位裕量是否满足要求。

(4) 选择转折频率 ω_c。为了减小滞后校正网络对 ω_c 处相位滞后的影响，应使 ω_c 低于新增益交界频率 ω_c 的 1~10 倍频程，一般可取 $\omega_{rc} = \left(\dfrac{1}{5} \sim \dfrac{1}{4} \right) \omega_c$。

(5) 确定滞后超前比 α。由 $K_{vc} = \alpha K_v = \alpha \omega_c$，可确定出 α。α 值一般为 10~20，通常取 $\alpha = 10$。

滞后校正使速度放大系数提高 α 倍，因此使速度误差减小到原来的 $1/\alpha$，提高了闭环刚度，减小了负载误差。回路增益提高，减小了元件参数变化和非线性影响。但滞后校正降低了穿越频率，使穿越频率两侧的相位滞后增大，特别是低频相位滞后较大。如果低频相位低于 $-180°$，在开环增益减小时，系统稳定性就要变差，甚至变得不稳定。也就是说，系统变成了有条件稳定的系统，对系统参数变化和非线性影响比较敏感。

上述滞后校正网络是无源校正网络，为了补偿滞后校正网络的衰减，需将放大器的增益增加 α 倍，或增设增益放大装置。为了克服这个缺点，经常采用调节器校正。调节器是以运算放大器为基础组成的。因运算放大器的增益很高，可以很容易组成并实现各种调节功能。

6.3.2　速度与加速度反馈校正

速度反馈校正的主要作用是提高主回路的静态刚度，减小速度反馈回路内的干扰和非线性影响，提高系统的静态刚度。加速度反馈校正主要是提高系统的阻尼。低阻尼是限制液压伺服系统性能指标的主要原因，如果能将阻尼比提高到 0.4 以上，系统的性能就可以得到显著的改善。

根据需要速度反馈与加速度反馈可以单独使用，也可以联合使用。本书这里同时使用，但分别讨论这两种反馈各自的作用。

在图 6-4 所示的电液位置伺服系统中加上速度与加速度反馈校正后的简化方框图，如图 6-17 所示。利用 LVDT 和微分电路可以将液压缸的速度转换为反馈电压信号；在速度反馈电压信号后面再接上微分电路或微分放大器，就可以得到加速度反馈电压信号。将速度与加速度电压信号反馈到功率放大器的输入端，就构成了速度与加速度反馈。

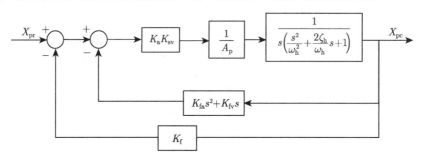

图 6-17　具有速度与加速度反馈校正的简化方框图

假定伺服阀的响应速度很快，把它看成比例环节，即 $K_{sv}G_{sv}(s) = K_{sv}$，则由图 6-17 所示的方框图可以求得速度与加速度反馈校正回路的闭环传递函数为

$$\frac{X_p}{U_g} = \frac{K_a K_{sv}/A_p(1 + K_1)}{s\left[\dfrac{s^2}{\omega_h(1 + K_1)} + \dfrac{2\zeta_h + K_2\omega_h}{\omega_h(1 + K_1)}s + 1\right]} \tag{6-38}$$

式中，K_1——只有速度反馈校正时校正回路的开环增益，

$$K_1 = \frac{K_a K_{sv} K_{fv}}{A_p} \tag{6-39}$$

K_2——只有加速度反馈校正回路的开环增益，

$$K_2 = \frac{K_a K_{sv} K_{fa}}{A_p} \tag{6-40}$$

整个电液位置伺服系统的开环传递函数为

$$G(s)H(s) = \frac{K_v/(1 + K_1)}{s\left[\dfrac{s^2}{\omega_h(1 + K_1)} + \dfrac{2\zeta_h + K_2\omega_h}{\omega_h(1 + K_1)}s + 1\right]} \tag{6-41}$$

式中，K_v——系统未加校正时的开环增益，$K_v = K_a K_{sv} K_f/A_p$。

只有速度反馈校正时,式 (6-41) 中的 $K_2=0$。此时,速度反馈校正使电液位置伺服系统的开环增益降为 $K_v/(1+K_1)$,固有频率增大为 $\omega_h\sqrt{1+K_1}$,阻尼比下降为 $\zeta_h\sqrt{1+K_1}$。开环增益的下降,可以通过调整前置放大器的增益 (如伺服阀功率放大器增益 K_a 或相敏放大器增益 K_d) 加以补偿。校正后的固有频率与阻尼比的乘积等于校正前的固有频率与阻尼比的乘积,阻尼比的减小恰好抵消了固有频率的增大。因此,系统允许的开环放大系数没有变化。但是固有频率的提高,为系统频宽的提高创造了条件。如果能通过其他途径提高阻尼比,就可以提高系统的频宽。

速度反馈校正在液压马达不动时不起作用,系统的开环增益等于未校正时的开环增益 K_v。当液压马达运动时才有反馈信号,并使系统开环增益大幅度降低,有利于系统的稳定。因此,液压马达不动时的开环增益 K_v 可以取得很高,使系统具有很高的静态刚度。另外,由于速度反馈回路包围了功率放大器、伺服阀和液压缸等,而速度反馈回路的开环增益又比较高,所以被速度反馈回路所包围的元件的非线性,如死区、间隙、滞环以及元件参数的变化、零漂等都将受到抑制。

只有加速度反馈校正时,式 (6-41) 中的 $K_1=0$。此时,系统的开环增益 K_v 和固有频率 ω_h 均不变,阻尼比因 K_2 而增加。因此增大 K_2 可以显著降低谐振峰值。谐振峰值降低,既可以提高稳定性,又可以使幅频特性曲线上移,从而提高系统的开环增益和频宽。而开环增益的提高又可以提高系统的刚度及精度。

由上述可见,加速度反馈提高了系统的阻尼,速度反馈提高了系统的固有频率,但降低了增益和阻尼。如果同时采用速度反馈与加速度反馈,通过调整前置放大器增益,把系统的增益调到合适的位置,通过调整反馈系数 K_{fv}、K_{fa} 把固有频率和阻尼比调到合适的数值,系统的动态及静态指标就可以全面地得到改善。

设具有速度与加速度反馈校正的固有频率与阻尼比分别为 ω_h' 和 ζ_h',根据式 (6-38) 有

$$\omega_h' = \omega_h\sqrt{1+K_1} \tag{6-42}$$

$$\zeta_h' = \left(2\zeta_h + K_2\omega_h\right)\big/2\sqrt{1+K_1} \tag{6-43}$$

根据期望的 ω_h' 及 ζ_h' 值,可以求出 K_1 及 K_2,进而求出 K_{fv} 和 K_{fa}。根据稳定裕量的要求可以确定开环增益,进而确定前置放大器的增益。

最后应指出,固有频率 ω_h' 和阻尼比 ζ_h' 的提高要受速度与加速度反馈回路稳定性的限制。在上述讨论中忽略了功率放大器、伺服阀和反馈测量装置等环节的影响,将系统简化为积分加振荡环节,此时穿越频率 ω_c 处的斜率为 -20dB/dec。如果速度与加速度反馈回路增益增大,使幅频特性曲线抬高,当 ω_c 增大至大于所略去环节的转折频率时,曲线将以 -40dB/dec 或 -60dB/dec 穿越零分贝线,ω_c 处的相位滞后将超过 $-180°$,局部反馈回路就不稳定了。

6.3.3　压力反馈和动压反馈校正

采用压力反馈和动压反馈校正的目的是提高系统的阻尼。负载压力随系统的动态而变化,当系统振动加剧时,负载压力也增大。如果将负载压力加以反馈,使输入系统的流量减小,则系统的振动将减弱,起到了增加系统阻尼的作用。

可以采用压力反馈伺服阀或动压反馈伺服阀实现压力反馈和动压反馈 (有关压力反馈伺服阀及动压反馈伺服阀可参阅参考文献 [2])。也可以采用液压机械网络或电反馈实现压力反馈或动压反馈。

1. 压力反馈校正

在图 6-4 所示的电液位置伺服系统中加上压力反馈后的简化方框图，如图 6-18 所示。图中用压差或压力传感器测取液压缸的负载压力 p_L，反馈到功率放大器的输入端，构成压力反馈。

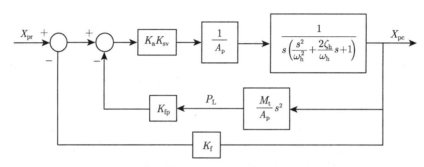

图 6-18   加上压力反馈的简化方框图

由图 6-18 可求出压力反馈回路的闭环传递函数为

$$\frac{X_p}{U_g} = \frac{\dfrac{K_a K_{sv}}{A_p}}{s\left(\dfrac{s^2}{\omega_h^2} + \dfrac{2\zeta_h{}'}{\omega_h}s + 1\right)} \tag{6-44}$$

式中，ζ_h'——校正后的阻尼比，

$$\zeta_h{}' = \zeta_h + \frac{K_a K_{sv} K_{fp} M_t \omega_h}{2A_p^2}$$

$$= \frac{K_{ce} + K_a K_{sv} K_{fp}}{A_p}\sqrt{\frac{\beta_e M_t}{V_t}} \tag{6-45}$$

电液位置伺服系统的开环传递函数为

$$G(s)H(s) = \frac{K_v}{s\left(\dfrac{s^2}{\omega_h^2} + \dfrac{2\zeta_h'}{\omega_h}s + 1\right)} \tag{6-46}$$

式中，K_v——系统的开环增益，$K_v = K_a K_{sv} K_f / A_p$。

由式 (6-46) 可以看出，压力反馈不改变开环增益 K_v 和液压固有频率 ω_h，但使阻尼比增加了。式 (6-45) 表明，压力反馈校正是通过增加系统的总流量–压力系数来提高阻尼的。显然，压力反馈校正降低了系统的静刚度。

2. 动压反馈校正

采用动压反馈校正可以提高系统的阻尼，而又不降低系统的静刚度。将压力传感器的放大器换成微分放大器，就可以构成动压反馈，其方框图如图 6-19 所示。有关动压反馈校正的问题在第 4 章已讨论过，这里不再重复。

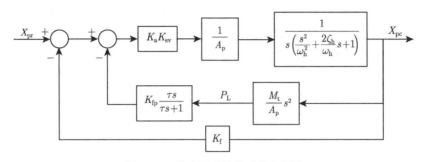

图 6-19　带动压反馈的系统方框图

采用压力反馈或动压反馈提高系统的阻尼，同样受局部反馈回路稳定性的限制。当 K_{fp} 过高时，由于伺服阀等小参数的影响，局部反馈回路就会变得不稳定。

6.4　电液力控制系统

以力为被调量的液压伺服控制系统称为液压力控制系统。在工程实际中，力控制系统应用得很多，如材料试验机、结构疲劳试验机、轧机张力控制系统、车轮刹车装置等都采用电液力控制系统。航空发动机几何可调部件的作动机构试验时，需要模拟其所受的气动负荷，液压加载是常见的负载模拟方式，电液力控制系统是液压执行机构试验的必需配套装置。

6.4.1　系统组成及工作原理

电液力控制系统主要由伺服放大器、电液伺服阀、液压缸和力传感器等组成，如图 6-20 所示。当指令装置发出的指令电压信号作用于系统时，液压缸便有输出力，该力由力传感器检测转换为反馈电压信号与指令电压信号相比较，得出偏差电压信号。此偏差电压信号经伺服放大器放大后输入到伺服阀，使伺服阀产生负载压差作用于液压缸活塞上，使输出力向减小误差的方向变化，直至输出力等于指令信号所规定的值为止。在稳态情况下，输出力与偏差电压信号成比例。要保持一定额的输出力就要求伺服阀有一定的开度，因此这是个零型有差系统。

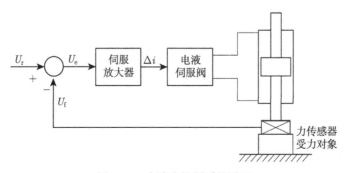

图 6-20　电液力控制系统原理

应当指出，在力控制系统中，被调量是力。虽然在位置或速度控制系统中，要拖动负载运动也有力输出，但这种力不是被调量，它取决于被调量 (位置或速度) 和外负载力。在力控制系统中，输出力是被调量，而位置、速度等取决于输出力和受力对象本身的状态。

在下面的讨论中，假定力传感器的刚度远大于负载刚度，可以忽略力传感器的变形，认为液压缸活塞的位移就等于负载的位移。

6.4.2 基本方程与开环传递函数

偏差电压信号为

$$U_{e} = U_{r} - U_{f} \tag{6-47}$$

式中，U_{r}——指令电压信号；

$\quad\quad U_{f}$——反馈电压信号。

力传感器方程为

$$U_{f} = K_{fF}F_{g} \tag{6-48}$$

式中，K_{fF}——力传感器增益；

$\quad\quad F_{g}$——液压缸输出力。

伺服放大器动态可以忽略，其输出电流为

$$\Delta I = K_{a}U_{e} \tag{6-49}$$

式中，K_{a}——伺服放大器增益。

伺服阀传递函数可表示为

$$\frac{X_{v}}{\Delta I} = K_{xv}G_{sv}(s) \tag{6-50}$$

式中，X_{v}——伺服阀功率级阀芯位移；

$\quad\quad K_{xv}$——伺服阀增益；

$\quad\quad G_{sv}(s)$——$K_{xv} = 1$ 时伺服阀的传递函数。

假定负载为质量、弹性和阻尼，则阀控液压缸的动态可用下面三个方程描述：

$$\begin{cases} Q_{L} = K_{q}X_{v} - K_{c}P_{L} \\ Q_{L} = A_{p}sX_{p} + C_{tp}P_{L} + \dfrac{V_{t}}{4\beta_{e}}sP_{L} \\ F_{g} = A_{p}P_{L} = m_{t}s^{2}X_{p} + B_{p}sX_{p} + KX_{p} \end{cases} \tag{6-51}$$

式中，m_{t}——负载质量；

$\quad\quad B_{p}$——负载阻尼系数；

$\quad\quad K$——负载弹簧刚度；

$\quad\quad C_{tp}$——液压缸总泄漏系数。

由式 (6-47)~ 式 (6-51) 可画出力控制系统的方框图，见图 6-21。图中 $K_{ce} = K_{c} + C_{tp}$。

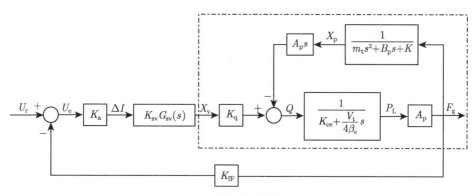

图 6-21　力控制系统的方框图

由式 (6-51) 中的三个基本方程消去中间变量 Q_L 和 X_p，或通过图 6-21 的方框图简化，可以得到阀芯位移 X_v 至液压缸输出力 F_g 的传递函数

$$\frac{F_g}{X_v} = \cfrac{\dfrac{K_q}{A_p} K \left(\dfrac{m_t}{K} s^2 + \dfrac{B_p}{K} s + 1 \right)}{\dfrac{V_t m_t}{4\beta_e A_p^2} s^3 + \left(\dfrac{K_{ce} m_t}{A_p^2} + \dfrac{V_t B_p}{4\beta_e A_p^2} \right) s^2 + \left(1 + \dfrac{K_{ce} B_p}{A_p^2} + \dfrac{V_t K}{4\beta_e A_p^2} \right) s + \dfrac{K_{ce} K}{A_p^2}} \tag{6-52}$$

式 (6-52) 与式 (3-15) 比较，其分母的形式相同，不同的是分子多了一个二阶微分环节。式 (6-54) 的分母可以按式 (3-15) 的简化方法进行简化。通常，负载的阻尼系数 B_p 很小，可以忽略不计。则式 (6-52) 可以简化成

$$\frac{F_g}{X_v} = \cfrac{\dfrac{K_q}{K_{ce}} A_p \left(\dfrac{m_t}{K} s^2 + 1 \right)}{\dfrac{V_t m_t}{4\beta_e K_{ce} K} s^3 + \dfrac{m_t}{K} s^2 + \left(\dfrac{V_t}{4\beta_e K_{ce}} + \dfrac{A_p^2}{K_{ce} K} \right) s + 1} \tag{6-53}$$

或

$$\frac{F_g}{X_v} = \cfrac{\dfrac{K_q}{K_{ce}} A_p \left(\dfrac{m_t}{K} s^2 + 1 \right)}{\dfrac{A_p^2 m_t}{K_{ce} K_h K} s^3 + \dfrac{m_t}{K} s^2 + \left(\dfrac{A_p^2}{K_{ce} K_h} + \dfrac{A_p^2}{K_{ce} K} \right) s + 1} \tag{6-54}$$

式中，K_h——液压弹簧刚度，$K_h = \dfrac{4\beta_e A_p^2}{V_t}$。

如果再满足

$$\left[\frac{K_{ce} \sqrt{K m_t}}{A_p^2 (1 + K/K_h)} \right]^2 \ll 1$$

则式 (6-54) 可近似写成

$$\frac{F_g}{X_v} = \cfrac{\dfrac{K_q}{K_{ce}} A_p \left(\dfrac{s^2}{\omega_m^2} + 1 \right)}{\left(\dfrac{s}{\omega_r} + 1 \right) \left(\dfrac{s^2}{\omega_0^2} + \dfrac{2\zeta_0}{\omega_0} s + 1 \right)} \tag{6-55}$$

式中, ω_{m}——负载的固有频率, $\omega_{\mathrm{m}} = \sqrt{\dfrac{K}{m_{\mathrm{t}}}}$;

　　ω_{r}——液压弹簧与负载弹簧串联耦合的刚度与阻尼系数之比,

$$\omega_{\mathrm{r}} = \frac{K_{\mathrm{ce}}}{A_{\mathrm{p}}^2} \Big/ \left(\frac{1}{K_{\mathrm{h}}} + \frac{1}{K} \right)$$

　　ω_0——液压弹簧与负载弹簧并联耦合的刚度与负载质量形成的固有频率,

$$\omega_0 = \omega_{\mathrm{h}} \sqrt{1 + \frac{K}{K_{\mathrm{h}}}} = \omega_{\mathrm{m}} \sqrt{1 + \frac{K_{\mathrm{h}}}{K}}$$

　　ζ_0——阻尼比, $\zeta_0 = \dfrac{1}{2\omega_0} \dfrac{4\beta_{\mathrm{e}} K_{\mathrm{ce}}}{V_{\mathrm{t}} \left[1 + K/K_{\mathrm{h}} \right]}$;

　　$K_{\mathrm{q}}/K_{\mathrm{ce}}$——总压力增益。

　　根据式 (6-55), 图 6-21 所示的方框图可简化成图 6-22。由图 6-22 所示的方框图可以得到系统的开环传递函数为

$$G(s)H(s) = \frac{K_0 G_{\mathrm{sv}}(s) \left(\dfrac{s^2}{\omega_{\mathrm{m}}^2} + 1 \right)}{\left(\dfrac{s}{\omega_{\mathrm{r}}} + 1 \right) \left(\dfrac{s^2}{\omega_0^2} + \dfrac{2\zeta_0}{\omega_0} s + 1 \right)} \tag{6-56}$$

式中, K_0——系统的开环增益,

$$K_0 = K_{\mathrm{a}} K_{\mathrm{xv}} \frac{K_{\mathrm{q}}}{K_{\mathrm{ce}}} A_{\mathrm{p}} K_{\mathrm{fF}} \tag{6-57}$$

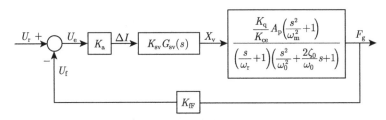

图 6-22　力控制系统简化方框图

　　如果伺服阀的固有频率远大于 ω_{m} 和 ω_0, 可以将其看成比例环节。此时, 系统的开环伯德图如图 6-23 所示。

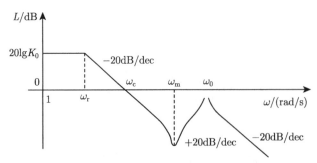

图 6-23　力控制系统开环伯德图

下面讨论两种特殊的情况：

(1) $K \gg K_h$，即负载刚度远大于液压弹簧刚度。此时，$\omega_r \approx \dfrac{K_{ce} K_h}{A_p^2}$，$\omega_0 \approx \omega_m = \sqrt{\dfrac{K}{m_t}}$。二阶振荡环节与二阶微分环节近似抵消，系统动态特征主要由液体压缩形成的惯性环节决定。

(2) $K \ll K_h$，即负载刚度远小于液压弹簧刚度。此时，$\omega_r \approx \dfrac{K_{ce} K}{A_p^2}$，$\omega_0 \approx \omega_h = \sqrt{\dfrac{K_h}{m_t}} \gg \omega_m = \sqrt{\dfrac{K}{m_t}}$。随着 K 的降低，ω_r、ω_m、ω_0 都要降低，但 ω_r 和 ω_m 降低得要多，使 ω_m 和 ω_0 之间的距离增大，ω_0 处的谐振峰值抬高。

6.4.3　系统特性分析

在 $G_{sv}(s) = 1$ 时，从传递函数式 (6-56) 和图 6-23 所示的伯德图可以看出，系统的最大相位滞后为 90°，因此只考虑液压缸和负载的动态特性时，系统不会不稳定。但是，考虑到反馈传感器、伺服放大器及伺服阀的相位滞后时，系统有可能变为不稳定。为了保证系统稳定，应使 ω_0 处的谐振峰值不超过零分贝线，并使增益裕量大于 6dB。

力控制系统的稳定性受负载刚度的影响很大，负载刚度越小，系统越不易稳定。负载刚度变小时，ω_0(或 ω_h) 处的谐振峰值可能超过零分贝线，系统变为不稳定。故一般用最小的负载刚度来分析和设计系统的稳定性。

为使系统在低负载刚度时仍能稳定工作，而又不降低响应速度，可在 ω_c 与 ω_m 之间加校正环节，校正环节的传递函数为

$$G_c(s) = \dfrac{1}{\left(\dfrac{s}{\omega_1} + 1\right)^2}$$

校正后的开环伯德图如图 6-24 所示。

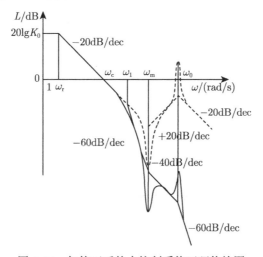

图 6-24　加校正后的力控制系统开环伯德图

穿越频率 ω_c 基本确定了系统的闭环频宽。由图 6-23 所示方框图的几何关系可求出穿越频率

$$\omega_c = \omega_r K_0 \tag{6-58}$$

在 $K/K_h \gg 1$ 时，

$$\omega_c \approx \frac{K_h K_a K_{xv} K_q K_{fF}}{A_p} \tag{6-59}$$

在 $K/K_h \ll 1$ 时，

$$\omega_c \approx \frac{K K_a K_{xv} K_q K_{fF}}{A_p} \tag{6-60}$$

在 $K/K_h \ll 1$ 时，穿越频率受负载刚度的限制，随负载刚度变化而变化。这种系统的快速性 (频宽) 要有较全面的校正才能有较大幅度的提高。

在系统的穿越频率 ω_c 确定后，可根据转折频率 ω_r 由式 (6-58) 求出开环增益 K_0。根据稳态误差的计算方法可求出系统的最大力稳态误差。如果满足精度要求，就可按式 (6-57) 进行增益分配。为了减小伺服阀零漂、死区等影响，并使系统具有较大的增益调整余地，希望增大电气部分的增益 $K_{fF} K_a$，减小液压部分的增益 $K_{xv}(K_q/K_{ce})A_p$。为此常用正开口流量阀或零开口流量阀加泄漏通道，来减小总压力增益 K_q/K_{ce}；在满足输出力的条件下，希望液压缸的面积小一些，这也有利于提高系统的频宽，这一点和位置系统不一样。在力控制系统中，一般不采用 $p_L \leqslant \frac{2}{3} p_s$ 的限制。相反，在阀流量允许的情况下 (采用大一些的阀)，使 p_L 接近 p_s，这有利于提高工作点处的 K_c 值和减小液压缸面积 A_p 值。如果精度不满足要求时，可加积分校正，使系统变为 I 型系统。

在力控制系统中，也可以采用压力控制伺服阀。压力控制伺服阀本身带有压力反馈，其压力增益特性平缓而呈线性。这种阀常用于开环压力控制，作为闭环控制中的一个元件使用也较理想。但由于这种阀的制造和调试较为复杂，所以在一般情况下应用较少。

思 考 题

1. 考虑伺服阀的动态时，如何用频率法分析系统的动态特性？
2. 哪些因素影响系统的稳态误差？
3. 在电液伺服系统中为什么要增大电气部分的增益，减小液压部分的增益？
4. 开环增益、穿越频率、系统频宽之间有什么关系？
5. 未加校正的液压伺服系统有什么特点？
6. 为什么电液伺服系统一般都要加校正装置？在电液位置伺服系统中加滞后校正、速度与加速度反馈校正、压力反馈和动压反馈校正的主要目的是什么？
7. 电液速度控制系统为什么一定要加校正？加滞后校正和加积分校正有什么不同？
8. 在力控制系统中负载刚度对系统特性有何影响？影响了哪些参数？
9. 力控制系统和位置控制系统对伺服阀的要求有什么不同？为什么？

习 题

1. 如图所示电液位置伺服系统，已知：$K_q = 20 \times 10^{-6} \mathrm{m^3/(s \cdot mA)}$，$D_m = 5 \times 10^{-6} \mathrm{m^3/rad}$，$n = 0.03 \times 10^{-2} \mathrm{m/rad}$，$K_f = 50 \mathrm{V/m}$，$\omega_h = 100 \mathrm{rad/s}$，$\zeta_h = 0.225$。求：

(1) 系统临界稳定状态时的放大器增益 K_a 为多少?

(2) 幅值裕量为 6dB 时的 K_a 为多少?

(3) 系统做 $2×10^{-2}$m/s 等速运动时的位置误差为多少? 伺服阀零漂 $\Delta I_d=0.6$mA 时引起的静差为多少?

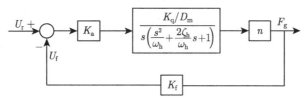

第 1 题图　电液位置伺服系统

2. 有一稳定的电液位置伺服系统,其速度放大系数 $K_v=20$L/s,为了保证稳态精度的要求需将速度放大系数提高到 100L/s,求滞后校正网络的传递函数。

3. 有一速度控制系统,其原理方框图如图所示。已知系统参数为:电液伺服阀固有频率 $\omega_{sv}=340$rad/s,阻尼比 $\zeta_{sv}=0.7$,流量增益 $K_{sv}=3.5×10^{-2}$m³/(s·A),液压固有频率 $\omega_h=183$rad/s,阻尼比 $\zeta_h=0.2$,测速机增益 $K_{fv}=0.19$V·s/rad,液压马达排量 $D_m=1.63×10^{-6}$m³/rad。求稳定裕量 $K_g=6$dB,$\gamma=87°$ 时积分放大器增益为多少。

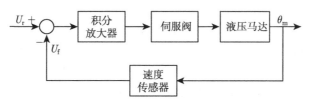

第 3 题图　速度控制系统方框原理图

第7章 航空发动机液压执行机构

本章航空发动机液压执行机构主要介绍燃油计量装置、喷口及导叶作动机构,这是最主要的三类机载液压执行机构。此外,面向各类地面试验加载用液压作动机构原理组成、建模、分析与设计方法可参考第 4、5 章液压伺服控制系统相关内容。

以航空发动机燃油计量装置为例,其航空发动机燃油流量控制装置一般包括计量阀、压差阀、电液伺服阀、随动活塞及位移检测装置等。进入发动机喷嘴、燃烧室的燃油流量主要通过计量阀控制,而等压差阀用来保持计量阀前后的压差为常数,因此通过计量阀的燃油流量就与计量阀的阀口开度即阀芯位移成确定的对应关系。电液伺服阀、随动活塞、位移传感器与控制器构成电液位置伺服系统。计量阀的开度由与计量阀固联的随动活塞的位移决定,它也决定着实时的燃油流量。

7.1　液压油缸

发动机上最常见的执行机构是直线往复运动的油缸,又称作动筒或作动器等。油缸由缸筒、随动活塞、活塞杆、密封装置组成。其结构分为单作用、双作用 (又分为单杆和双杆) 以及活塞双作用等,如图 7-1 所示,其中单作用油缸通常是依靠弹簧复位的。

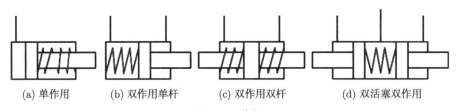

(a) 单作用　　(b) 双作用单杆　　(c) 双作用双杆　　(d) 双活塞双作用

图 7-1　油缸

对于单作用油缸,如果忽略油缸的泄漏,其运动速度为

$$v = \frac{4Q}{\pi D^2} \tag{7-1}$$

式中,v——活塞运动速度 (m/s);

Q——流入油缸的流量 ($\mathrm{m^3/s}$)；

D——活塞直径 (m)。

忽略运动摩擦，该油缸输出力为

$$F = \frac{\pi}{4}D^2 p - k(x + x_0) \tag{7-2}$$

式中，F——油缸输出力 (N)；

p——活塞作用腔压力 (Pa)；

k——弹簧刚度 (N/m)；

x_0——活塞杆输出位移 (m)。

如果是双作用双杆油缸，则输出力为

$$F = \frac{\pi}{4}(D^2 - d^2)p \tag{7-3}$$

式中，d——活塞杆直径 (m)。

其他形式的油缸也可以做类似的计算。

7.2　燃油流量控制

本节主要介绍发动机燃油流量控制的基本原理、几种典型流量控制器以及在此基础上增加干扰量补偿装置的开环控制系统。

7.2.1　主燃油计量装置的组成和功能

主燃油计量装置由电液转换装置、主燃油供油装置和位移传感器组成 (图 7-2)。电液转换装置常用电液伺服阀、力矩马达、电磁阀等。位移传感器常用 LVDT 或光学位移传感器等。主燃油供油装置由计量阀、压差阀、回油阀等组成。(注：航空发动机控制工程中，阀也称作活门。)

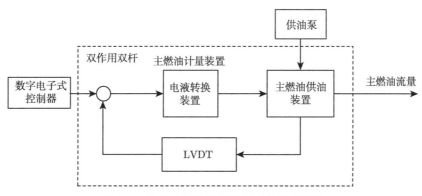

图 7-2　数控主燃油计量控制系统原理框图

主燃油计量装置的功能是：

(1) 将数字电子控制器运算得到的代表主燃油流量的控制作用量变成供给发动机的实际燃油流量；

(2) 提供起动及慢车以上状态 (稳压、过渡态) 的主燃油量;

(3) 最大流量限制功能;

(4) 保证发动机不超转、不超温、不超压;

(5) 当出现故障时,可以退出工作。

主燃油计量装置的技术要求:

(1) 最大供油量;

(2) 最小供油量;

(3) 分辨能力;

(4) 响应时间。

最小供油量和最大供油量是主燃油计量装置控制燃油量的范围,它必须满足发动机燃油量的要求。

分辨能力是指位移传感器测出供油量的精度,它与位移传感器的精度、计量阀控油窗口形式有关,分辨能力会影响发动机控制参数的调节精度,这是一个重要的指标。

响应时间是电液转换装置接收到控制信号到位移传感器接收到位移信号的回路时间常数,它是对计量装置动态响应的要求,它与电液转换装置、主燃油供油装置有关。

7.2.2 定压差控制式

定压差流量控制通常有直接作用式和间接作用式,图 7-3 所示为直接作用式定压差流量控制原理图。燃油经油泵、油门至喷嘴和燃烧室,仅有一小部分经压差阀控制的回油口至油泵进口,等压差阀上控制油口分别接油门的进出口,压力分别记为 p_T、p_1,其力平衡方程表明了等压差的工作原理:

$$\Delta p A = (p_T - p_1)A = F_s \tag{7-4}$$

式中,A——压差阀有效端面面积;

$\quad\;\; F_s$——压差阀的弹簧调定值。

通过油门或计量阀的开关实时流量为

$$m_f = \mu A_t \sqrt{2\rho(p_T - p_1)} \tag{7-5}$$

式中,μ——流量系数,一般可视为常数;

$\quad\;\; A_t$——有效通流面积,随油门位置或计量活门阀芯的位置变化而变化。

稳态下,油门或计量阀前后的压差 Δp(即 $p_T - p_1$)恒定,于是 A_t 变化就可以调节供油量的大小。例如,发动机转速增加,使齿轮泵转速增加,故而使得泵的供油量增加,通过油门开关的流量及其前后压差都增加,则定压差阀便离开原来的平衡位置克服弹簧力向上,使得回油孔的开度增加,回油量增加,通过油门开关或计量装置的油量减小,从而达到新的平衡状态。这种燃油流量控制依靠等压差阀的回油口开度将泵增加的流量送回泵的进口来实现等压差的作用,由于没有放大元件,等压差阀既是测量元件又是执行元件,因此稳态误差较大。

图 7-4 为间接作用式定压差流量控制的原理图。油门或计量装置的前后压差仍由压差阀感知,这个压差 Δp(即 $p_T - p_1$)控制着随动活塞左右两腔的进油孔 a、出油孔 b 的开度,

油泵的出口高压油经 a 孔流入随动活塞的左腔,右腔经 b 孔放回低压油。稳态时,压差阀与随动活塞力平衡。当油门或计量装置阀芯位置改变使压差发生变化时,则压差阀力平衡被打破,压差阀移动,通过流量调节重新保证前后压差不变。

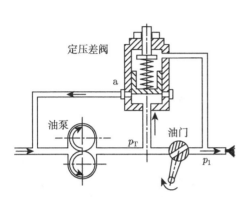
图 7-3　直接作用式定压差流量控制原理图

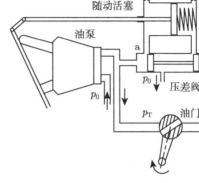
图 7-4　间接作用式定压差流量控制原理图

7.2.3　定压控制式

上述系统中,若不考虑喷嘴后压力 p_b 的变化,即可将其等效为定压流量控制器,如图 7-5 所示。原理如下:燃油经油门与喷嘴,压降记为 Δp_1、Δp_2,根据流量公式可得

$$\Delta p_1 = \frac{m_f^2}{2\rho(\mu A_t)^2}, \quad \Delta p_2 = \frac{m_f^2}{2\rho(\mu A_1)^2}$$

若将两者合并为等效的节流器,面积为 A_r,燃油通过等效节流装置的压差

$$\Delta p = \frac{m_f^2}{2\rho A_r} \tag{7-6}$$

式中,$\Delta p = \Delta p_1 + \Delta p_2$;$A_r = \dfrac{\mu^2(A_t A_1)}{\sqrt{(\mu A_t)^2 + (\mu A_1)^2}}$。这样等效以后的节流器节流面积 A_r 也随油门或计量装置的位置改变,通过的燃油流量为

$$m_f = \mu A_r \sqrt{2\rho(p_T - p_b)} \tag{7-7}$$

式中,p_b 为喷嘴后压力或燃烧室压力,由于变化小,故可视为常数,由此这部分的压差仅取决于 p_T。欲保持 p_T 不变,供给发动机的油量仅随油门操纵杆角度变化,由于这种方式保持油门或计量装置前的压力不变,通过改变油门开关面积控制流量的装置称为定压流量控制器。

当然,它虽可以控制供往燃烧室的燃油量继而改变发动机转速和涡轮前燃气温度,但若不需要改变油门或计量装置位置而仅是飞行条件改变,则发动机的转速及其余参数将会变化,因此应通过压差调节来感受计量阀前后的压力变化来修正供油量。

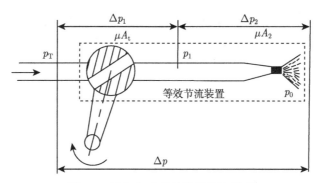

图 7-5　油门与喷嘴的等效节流原理

7.2.4　加力燃油流量控制

　　加力燃油系统由加力燃油泵、喷口控制器、加力燃油调节器、应急放油装置等组成。数控式加力燃油控制系统中,燃油流量控制装置主要有计量阀、压差阀、伺服阀、随动活塞以及位移传感器等,检测与补偿都是基于电液控制的方式实现。通往发动机燃烧室的燃油流量主要通过计量阀控制,等压差阀同样用于保持其前后压力差不变,通过计量阀的燃油流量唯一由计量阀的开度决定。电液伺服阀、位移检测元件及发动机控制器组成电液位置伺服系统,其随动活塞的位移输出决定了计量阀的开度,即燃油流量。系统原理如图 7-6 所示。

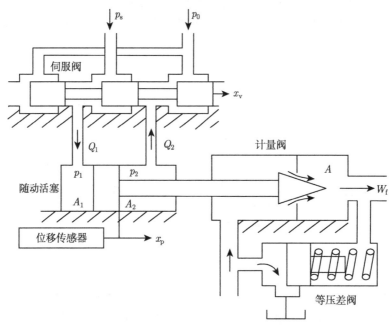

图 7-6　燃油流量控制装置原理图

　　当随动活塞位置 x_p 确定后,计量阀节流口开口面积 A 即确定,通过计量阀的燃油质量流量为

$$W_f = C_d A \sqrt{2\rho\Delta p} \tag{7-8}$$

式中, W_f——燃油质量流量;

C_d——流量系数，无量纲；

A——计量阀节流开口面积；

ρ——燃油密度；

Δp——计量阀前后压差。

7.3 喷口调节机构

喷口调节装置原理图见图 7-7。该执行机构由电液伺服阀、定压阀、分油阀、备份阀组成。定压阀的作用是为电液伺服阀提供一恒定的进口压力。该机构的介质为燃油，高压燃油泵后压力为 21MPa。而目前国内以燃油为介质的电液伺服阀因受实验条件的限制难以直接在 21MPa 压力下工作，因此必须有一定压阀以提供适合电液伺服阀工作的压力。

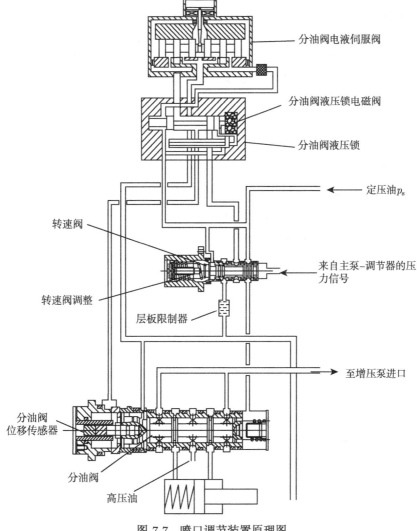

图 7-7 喷口调节装置原理图

在正常工作状态下，液压锁的电磁阀通电，推动滑阀处于图示位置，使分油阀左端与电液伺服阀控制油路沟通，因此喷口受电子控制器控制。当喷口作动筒运动时，其位移量转换为角位移传感器的输出量反馈给电子控制器组成闭合回路。

在应急工作状态下，液压锁的电磁阀断电，其滑阀在弹簧力作用下向右移动，使分油阀的左腔与电液伺服阀的控制腔切断，而与备份阀相遇。分油阀受信号控制，从而使喷口随发动机转速而变 (两个位置)。

7.4 导叶控制机构

发动机数控系统中的风扇可调叶片控制装置主要有两种方式。一种是由高速开关电磁阀、作动筒及 LVDT 位移传感器构成的电液位置伺服系统，作动筒与风扇叶片通过铰链连接，见图 7-8。图中活塞左腔压力为一常值，由两个节流器分压而成；右腔压力由层板节流器和高速开关电磁阀分压而成。此时电磁阀相当于一个可变节流器，即根据电信号的大小决定其压阻，从而改变右腔压力，滑阀和活塞随左右腔压差变化而运动。待左右腔压力相等后，系统即处于平衡状态，最终决定风扇叶片的位置。另一种控制方式是由伺服阀和作动筒构成电液位置伺服系统，作动筒与风扇叶片铰链连接结构与第一种相同。详见图 7-9。

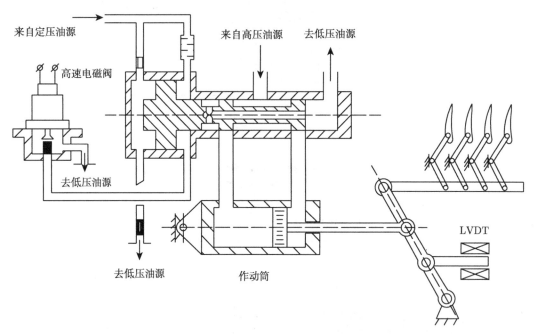

图 7-8 采用高速开关电磁阀的风扇可调叶片控制装置

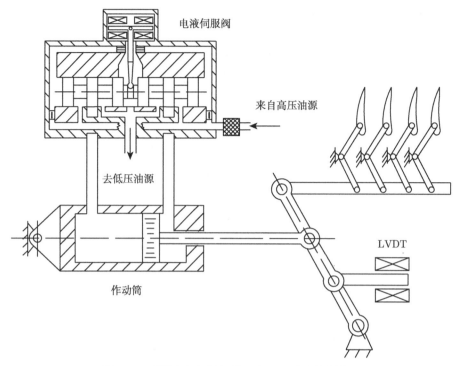

图 7-9　采用液电伺服阀的风扇可调叶片控制装置

7.5　电液伺服作动器

7.5.1　概述

当前，飞机/发动机作动器一般强调分布式、冗余、电控、能效及可靠性等性能要求。电液伺服作动器又称电静液作动器，是指在飞机第二能源系统到作动系统各执行机构之间，使用电导线传输功率，以取代以往的液压系统传动方式 (图 7-10)。与传统的液压传动系统相比，电静液作动器去除了液压管路，取而代之的是用导线进行功率传输和对作动活塞的控制，故这种传动方式又称功率电传。由于去除了管路，大大简化了机身的结构，其具有重量轻、可靠性高、维修性好等优点。随着新材料、新工艺及新兴技术的发展，这种传动方式被越来越多国家重视。目前航空界已经将以机载电静液作动器为典型代表的一体化新作动技术列为未来航空器发展的五大关键技术之一。目前这一技术在 A380、F35 等国外先进民用客机和军机中已有应用，这一技术和电力作动器应是未来我国航空发动机作动机构的主要发展方向之一。

电液伺服作动器有两种基本类型：机械-电气指令液压伺服作动器和电气指令液压伺服作动器。前者用作机械式人工飞行控制系统与自动系统、自动飞行控制系统交联的驱动操作面的飞行控制伺服作动器；后者用作早期自动系统或自动飞行控制系统的副作动器，当前则用作电传飞行控制系统的飞行控制伺服作动器。对航空作动器，为了增加余度以提高可靠性，常带备份系统。图 7-11 即为电气备份液压作动器，其在液压驱动故障或失效的情况下，可接入电气驱动以满足短时应急作动需要。

图 7-10　电静液作动器

图 7-11　电气备份液压作动器

7.5.2　基本原理

电气指令液压伺服作动器的原理框图如图 7-12 所示。电液伺服阀由伺服放大器输出的与输入电压和反馈电压差成比例的差动电流驱动。电液伺服阀输出一定压力流量,通过主控阀作动活塞驱动伺服作动的主控阀。位移传感器接收由动力作动筒运动产生的位移变化而转化成反馈电压 u_f,形成闭环控制系统,实现控制作动筒位移的功能。

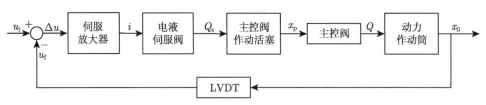

图 7-12　电气指令液压伺服作动器的原理框图

电静液伺服作动器实现方案主要有三种形式,定排量变转速、变排量定转速和变排量变转速。定排量变转速方案电静液伺服作动器原理如图 7-13 所示。其通过调节电机 2 的转速从而控制液压泵 3 进而控制作动活塞位移。在活塞杆处装有转角反馈机构,将反馈信号传递回 DSP 控制器。同时系统中还有压力反馈以及电机转动的角速度反馈机制。通过这些反馈实现控制作动活塞位移。变排量定转速方案电静液伺服作动器原理如图 7-14 所示。

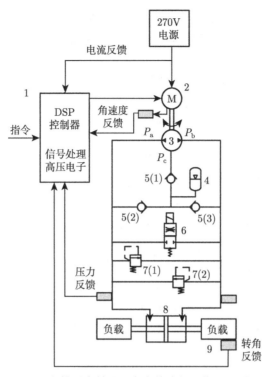

图 7-13　定排量变转速方案电静液伺服作动器原理图

1. 数字信号控制器 (DSP)；2. 270V DC 高速无刷直流电动机；3. 高速双向定量柱塞泵；4. 蓄压器；5. 单向阀；6. 阻尼旁通阀；7. 安全阀；8. 双作用对称杠；9. 控制舵面

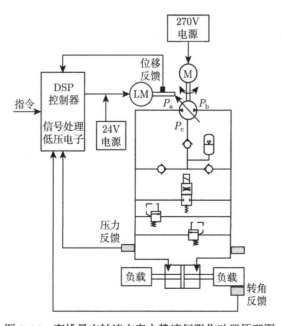

图 7-14　变排量定转速方案电静液伺服作动器原理图

7.5.3　尚存的不足

(1) 一体化高度集成设计方案将导致原有液压系统通过管道循环散热方案被舍弃，需重新考虑措施解决发热问题。对电静液伺服作动器中电机的温度控制可采用自然冷却和液压油循环冷却的办法弥补。

(2) 对于飞机大型舵面的驱动，由于采用了电静液伺服作动器，一般采用多余度设计，在这种情况下，需要对作动器进行余度管理以避免出现力纷争。航空发动机用执行机构若设计为 EHA 方案，有望摒弃燃油作为传递介质，使作动器适用范围拓宽。

7.5.4　其他类型作动器与电静液作动器比较

新型作动器中除了电静液作动器为代表，还有其他类型的作动器。如集成电液作动器 (IAP)、机电作动器 (EMA)、直接驱动作动器 (DDA)、光传灵巧作动器。这里将对集成电液作动器和机电作动进行简单说明并与电静液作动器比较。

集成电液作动器，也称组合舵机，是电力作动的另一种实现方式。与电静液作动器相似，它也是由独立的电动机、泵、伺服阀和作动筒组成。不同的是，集成电液作动器使用单向恒速电机驱动变排量泵以恒速旋转，利用专用的控制装置改变泵中旋转斜盘的角度，从而不断改变作动器的液压流量。电静液作动器靠电机转速控制作动器运动，而集成电液作动器则是利用电液伺服阀改变泵的流量来控制作动器运动，因此不需要大功率电子设备控制电机。EHA 电机必须停转以保持舵面位置，而集成电液作动器的电机需保持一定的转速 (包括空载条件下)。集成电液作动器还有其他一些优点：电机单方向运转，与作动方向无关；集成电液作动器的热特性对负载和高频要求不敏感；由于电机在持续运转，必要时可以容易地采取持续强制冷却。

由于集成电液作动器的控制是由伺服泵完成的，电机只需按固定转速固定转向旋转，因此交流电机和直流电机都适用。交流电机结构简单、成本低且维修方便，具有一定的优势。但是，随着机载电源系统的发展，更倾向于使用直流电机，用电机控制器维持电机在相对恒定的转速。

机电作动器 (又称电机械作动器) 直接由无刷直流电机驱动，完全取消了液压源。电机带动减速器，经减速后通过滚珠丝杠转换为输出杆的直线位移，并依靠内部的 LVDT 形成闭环控制。机电作动器结构紧凑、便于安装、工作效率高、无污染、系统可靠性高、便于维护，适合于中小功率作动要求，特别是用于无人机和航天器及导弹方向舵等。值得注意的是，机电作动器存在卡死的可能性，如果用于关键舵面操纵，可能引发灾难性后果。由于机电作动器难以实现旁通功能，因此一般用于单个作动器驱动单个舵面的情况，这些控制面一般都不是主控舵面，如扰流片作动器。波音客机各机翼的扰流板上就采用了线性滚珠螺旋式机电作动器。

电静液作动器较机电作动器在以下几方面具有优势：

(1) 电静液作动器比机电作动器功率密度大，是机电作动器的 10~30 倍。

(2) 机电作动器需使用滚珠丝杠或谐波齿轮，价格昂贵且定位精度较低；电静液作动器通过液压减速，定位精度较高，且可以方便地实现无级调速。

(3) 电静液作动器中有液压油，比机电作动器更容易解决系统发热问题。

(4) 将电静液作动器平行引入多电结构的常规伺服控制中比机电作动器要容易得多。它们可使用与现有防振系统中相同的阻尼装置,可与邻近伺服控制系统共用部件,如活塞、液压缸、位置检测器和储压器。

(5) 机电作动器用于主飞行控制系统时的卡死概率无法预测也难以从已有的使用经验中证实;电静液作动器的卡死概率可直接从现有伺服控制经验中评估,且加了旁路后可完全避免。而含有诸多齿轮和螺纹装置的机械系统的卡死概率是一个很大的问题。现有的第二飞行控制系统的经验不能直接应用到主飞行控制中。

以上三种功率电传作动器都不依赖飞机中心液压源,因此带来了一系列好处。与电静液作动器比较,机电作动器在复杂性、重量和维修性上更具优势,尤其在小功率应用上。但是在可靠性、功重比等方面,电静液作动器仍然比机电作动器占优势。因此,未来航空发动机可用电静液作动器取代现有集中式阀控作动筒方案,为分布式控制系统提供技术基础。

思　考　题

1. 航空发动机常用液压作动筒为哪种油缸?
2. 简述典型燃油计量装置的组成及原理。
3. 典型喷口控制装置如何工作?
4. 导叶控制有哪两种控制方式? 各自特点是什么?
5. 试述电静液作动器的优缺点。

第8章 典型液压执行机构的计算机仿真

8.1 软件仿真技术简介

8.1.1 概述

仿真技术是一门多学科的综合性技术,它以控制论、系统论、相似原理和信息技术为基础,以计算机和专用设备为工具,利用系统模型对实际的或设想的系统进行动态试验。仿真工具分为仿真硬件和仿真软件等。其中,仿真软件是专门用于仿真的计算软件。仿真软件的发展与仿真应用、算法、计算机和建模等技术的发展相辅相成,在对液压系统的仿真过程中也会起到巨大帮助。本节将对 MATLAB/Simulink 及 AMESim 做出简单介绍。并在 8.2 节 MATLAB/Simulink 建模与仿真以及 8.3 节 AMESim 建模与仿真中给出实例。

液压系统仿真是指通过建立液压系统的数学模型并在计算机上进行解算,用以对系统的动态特性进行研究的过程。计算机仿真技术在液压领域的应用主要包括以下几个方面。

(1) 通过理论推导建立已有液压元件或系统的数学模型,用实验结果与仿真结果进行比较,验证数学模型的准确度,并把这个数学模型作为今后改进和设计类似元件或系统的仿真依据。

(2) 通过建立数学模型和仿真实验,确定已有系统参数的调整范围,从而缩短系统的调试时间,提高效率。

(3) 通过仿真实验研究测试设计的元件各结构参数对系统动态性能的影响,确定参数的最佳配置,提供实际设计所需要的数据。

(4) 通过仿真实验验证新设计方案的可行性及结构参数对系统动态性能的影响,从而确定最佳控制方案和最佳结构。

8.1.2 MATLAB/Simulink 仿真软件

美国 MathWorks 公司推出的 MATLAB 仿真软件,以其强大的功能 (如符号计算、文字处理、可视化建模和实时控制、优化设计等) 和易用性受到越来越多的科技工作者的欢迎,是目前广泛应用的工程计算语言。MATLAB 仿真软件具有用法简易、灵活、功能强又兼具延展性的特点。

Simulink 是以 MATLAB 为操作平台，专门用于动态系统的建模、仿真以及仿真结果分析的集成环境。它具有适应面广、结构直观、效率高、灵活等优点，可以用于模拟线性、非线性系统、连续和离散时间系统以及两者混合系统的动态变化过程。Simulink 提供交互式图形化环境和可定制模块库来对其进行设计、仿真、执行和测试。Simulink 中提供了建立模型方框图的图形接口 (GUI)，这个创建过程只需单击和拖动鼠标操作就能完成，它提供了一种更快捷、直接明了的方式，而且用户可以立即看到系统的仿真结果。同时它也支持不同部分拥有不同采样率的多种采样速率的仿真系统，成为系统动态仿真的一个强有力工具。

8.1.3　AMESim 仿真软件

AMESim 是最早由法国 Imagine 公司于 1995 年推出的一种高级工程系统仿真建模环境，2007 年被比利时 LMS 公司收购。它为流体、机械、控制、电磁等工程系统提供一个较为完善的综合仿真环境以及灵活的解决方案，使用户能够借助友好的、面向实际应用的方案来研究任何元件或回路的动力学特性。面向工程应用的定位使得 AMESim 在航空航天工业、汽车制造和传统液压行业等领域得到了广泛的应用。

LMS Imagine.Lab AMESim 是一个多学科领域的复杂系统建模与仿真平台。它拥有一套标准且优化的应用库，拥有 4500 个多领域模型，如机械库、信号控制库、液压库 (HYD)等。其中液压库、液压阀库 (HSV)、液压元件设计库 (HCD)、液阻库 (HR) 可用于仿真等温、单相工作油液元件及其系统，这是在液压系统仿真中必不可少的。工程设计师完全可以应用集成一整套 AMESim 应用库来设计一个系统，跳过编写程序带来的烦琐，降低了开发成本，也缩短了开发周期。

除此之外，AMESim 还具有与其他软件包丰富的接口，如 Simulink&reg、Adams&reg、Simpack&reg、RTLab&reg、dSPACE&reg 和 iSIGHT&reg 等。AMESim 虽具有良好的系统建模能力，但不易构建出复杂的控制系统。AMESim 与 MATLAB/Simulink 联合仿真则解决了这一问题，可扬长避短，发挥这两款软件的最大优势。

8.2　MATLAB/Simulink 建模与仿真

8.2.1　滑阀静态特性仿真

在第 2 章零开口滑阀的稳态特性相关内容中，给出了无量纲理想零开口四边滑阀压力流量曲线图，本节给出其 MATLAB 程序，以绘制其特性曲线。

```
n=0;
xv=-1.0;
pL=-1.0:0.001:1.0;
while n<11;
 qL=xv*(1-xv/(abs(xv))*pL).^(1/2);
 plot(pL,qL,'k','linewidth',2);
```

```
axis([-1.0 1.0 -1.5 1.5]);
grid on;
hold on;
n=n+1;
xv=xv+0.2;
end
```

式，$qL = \overline{q_L}$；$xv = \overline{x_v}$；$pL = \overline{p_L}$。

程序运行结果如图 8-1 所示。

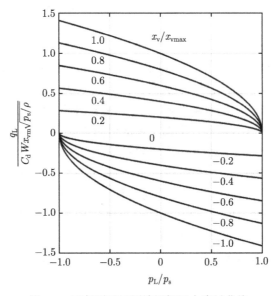

图 8-1 理想零开口四边滑阀压力流量曲线

以下为绘制正开口四边滑阀的压力–流量曲线的 MATLAB 程序。

```
n=0;
xv=-1.0;
pL=-1.0:0.001:1.0;
while n<11
  qL=(1+xv)*(1-pL).^(0.5)-(1-xv)*(1+pL).^(0.5);
  plot(pL,qL,'k','linewidth',2);
  axis([-1.0 1.0 -1.5 1.5]);
  grid on;
  hold on;
  n=n+1;
  xv=xv+0.2;
end
```

式中，$qL = \overline{q_L}$；$xv = \overline{x_v}$；$pL = \overline{p_L}$。

程序运行结果如图 8-2 所示。

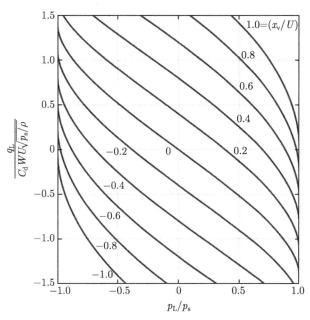

图 8-2　正开口四边滑阀的压力–流量曲线

8.2.2　高速开关阀特性

高速开关阀的建模是建立阀的平均通过流量与控制信号之间的关系。根据高速开关阀的开关特性曲线 (见第 5 章)，将占空比在 [0,1] 上分为 7 段，然后分别针对每种情况计算出高速开关阀的平均位移。建立高速开关阀阀芯平均位移与控制信号之间的关系为

$$\bar{x}_{\mathrm{v}}=\begin{cases} 0, & \tau \in [0,\tau_1) \\[2mm] \dfrac{1}{2}\left(\dfrac{\tau_2+\tau_4}{\tau_2{}^2}\right)(\tau+\tau_{\mathrm{yc1}}-\tau_1)^2 x_{\mathrm{vmax}}, & \tau \in [\tau_1,\tau_{12}) \\[3mm] \left[\left(\dfrac{\tau_2+\tau_3}{\tau_2}\right)\tau-\tau_1-\dfrac{\tau_2}{2}+\dfrac{\tau_4}{2}-\dfrac{\tau_1\tau_3}{\tau_2}\right]x_{\mathrm{vmax}}, & \tau \in [\tau_{12},\tau_{\mathrm{on}}) \\[3mm] \left(\tau+\tau_3-\tau_1+\dfrac{\tau_4-\tau_2}{2}\right)x_{\mathrm{vmax}}, & \tau \in [\tau_{\mathrm{on}},1-\tau_{\mathrm{off}}) \\[3mm] \left(\tau+\tau_3-\tau_{\mathrm{yc2}}+\dfrac{\tau_4-\tau_2}{2}\right)x_{\mathrm{vmax}}, & \tau \in [1-\tau_{\mathrm{off}},\tau_{34}) \\[3mm] \left[1-\dfrac{(\tau+\tau_3-\tau_{\mathrm{yc2}}-1)^2}{2\tau_4}-\dfrac{\tau_2(\tau+\tau_3-\tau_{\mathrm{yc2}}-1)^2}{2\tau_4{}^2}\right]x_{\mathrm{vmax}}, & \tau \in [\tau_{34},1-\tau_3) \\[3mm] x_{\mathrm{vmax}}, & \tau \in [1-\tau_3,1] \end{cases}$$

式中，$\tau_1=t_1/T$(T 为脉冲控制信号周期，以下同)；

$\qquad \tau_2=t_2/T$；

$\qquad \tau_3=t_3/T$；

$\qquad \tau_4=t_4/T$；

$\qquad \tau_{\mathrm{yc1}}=(\tau-\tau_1)\tau_3/\tau_2$；

$$\tau_{yc2} = (1 - \tau - \tau_3)\tau_1/\tau_4;$$

$$\tau_{12} = \tau_1 + \tau_2^2/(\tau_2 + \tau_3);$$

$$\tau_{34} = 1 - \tau_3 - \tau_4^2/(\tau_1 + \tau_4)$$

$$\tau_{on} = \tau_1 + \tau_2;$$

$$\tau_{off} = \tau_3 + \tau_4;$$

x_{vmax}——阀芯最大位移。

式中给出了高速开关阀的阀芯平均位移,对于球阀座高速开关阀,则阀口过流平均面积为

$$\overline{A_v} = \frac{\pi}{2} D \overline{x_v} \sin(2\theta)$$

式中,$\overline{A_v}$——阀口过流平均面积;

D——球阀直径;

θ——球阀座半角。

根据开关特性建立高速开关阀的数学模型比平均输出流量公式更加准确。对式进行修正,修正后的平均输出流量为

$$\overline{Q_v} = C_d \overline{A_v} \sqrt{\frac{2}{\rho} \Delta p}$$

据此可基于 MATLAB 编程绘制响应曲线。

8.2.3 阀控缸响应特性

在阀控缸的响应特性中有三个重要的参数,K_q/A_P、ω_h、ζ_h。为了研究阀控缸的响应特性,分别对三个参数数值进行调整,通过 MATLAB 仿真获得相应曲线如图 8-3～ 图 8-5 所示。读者可根据第 3 章相关理论,自行编写调试程序并运行。

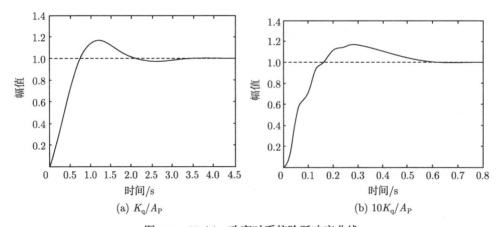

图 8-3 K_q/A_P 改变时系统阶跃响应曲线

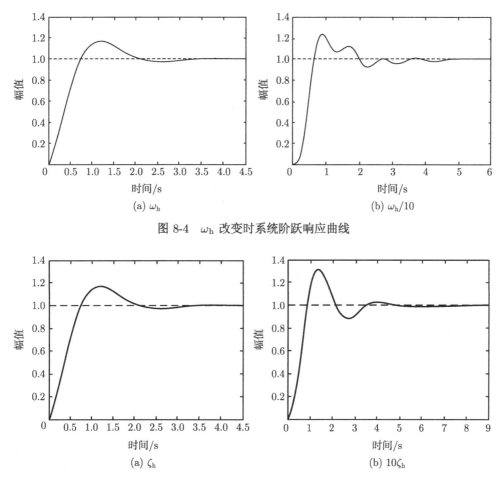

图 8-4　ω_{h} 改变时系统阶跃响应曲线

图 8-5　调整 ζ_{h} 后系统阶跃响应曲线

当调整 $K_{\mathrm{q}}/A_{\mathrm{P}}$，将其改变为原先值的 10 倍时，从图 8-3 可以看出系统阶跃响应的稳定时间由 3.5s 缩短至 0.6s 附近。但若继续增大该项，将导致系统出现发散。

当调整 ω_{h} 将其改变为原本值的 1/10 时，系统达到稳定的时间从原本的 3.5s 延长为 5s 附近。若继续减小 ω_{h}，则系统将出现发散。

与前两个参数增加时系统响应时间缩短不同，从图可知当将 ζ_{h} 调整为原本值的 10 倍后，系统的响应速度出现了明显的下降，稳定时间由 4.5s 延长为 6s 附近。

8.2.4　电液位置控制系统校正装置设计

已知阀控缸电液位置控制系统：负载质量 M 做直线运动，已知负载工况为行程 $x_{\mathrm{pmax}}=$ 0.5m，M=1000kg，干摩擦力 F_{f}=2000N，负载最大速度 v_{max}=0.1m/s，负载最大加速度 a=2.2m/s^2，能源压力为 p_{s}=63bar，最大输入信号电压 e_{i}=5V，油液容积弹性模数 β_{e}=10×10^8。所选电液伺服阀参数为：衔铁挡板组件的固有频率 ω_{mf}=600rad/s，阻尼比 $\xi_{\mathrm{mf}}=0.5$，阀的流量增益 $K_{\mathrm{qs}}=4.44\times10^{-3}\mathrm{m}^3/(\mathrm{s\cdot A})$，流量 – 压力系数 $K_{\mathrm{c}}=4\times10^{-12}\mathrm{m}^5/(\mathrm{N\cdot s})$。再取反馈增益为 K_{f}=10V/m，试设计液压缸的活塞面积，进而确定液压缸的传递函数，并设计伺服放大器的增益 K_{a}，使系统的相角裕度大于 45°，幅值裕度大于 6dB。

　　根据负载工况：行程 x_{pmax}=0.5m，M=1000kg，干摩擦力 F_{f}=2000N，负载最大速度 v_{max}=0.1m/s，负载最大加速度 a=2.2m/s²。知负载运动时的惯性力为 $F_{\mathrm{a}} = Ma = 1000 \times 2.2 = 2200$N。

　　负载运动的总力

$$F = F_{\mathrm{a}} + F_{\mathrm{f}} = 2200 + 2000 = 4200\mathrm{N}$$

取负载压力 $p_{\mathrm{L}} = \dfrac{2}{3}p_{\mathrm{s}}$，则液压缸活塞面积 $A_{\mathrm{p}} = \dfrac{3F}{2p_{\mathrm{s}}} = 10^{-3}\mathrm{m}^2$，取液压缸容积 $V_{\mathrm{t}} \approx A_{\mathrm{p}}x_{\mathrm{pmax}} = 5 \times 10^{-4}\mathrm{m}^3$，液压缸的液压频率及阻尼系数为

$$\omega_{\mathrm{h}} = \sqrt{\frac{4\beta_{\mathrm{e}}A_{\mathrm{p}}^2}{MV_{\mathrm{t}}}} = 89/\mathrm{s}, \quad \zeta_{\mathrm{h}} = \frac{K_{\mathrm{c}}}{A_{\mathrm{p}}^2}\sqrt{\frac{\beta_{\mathrm{e}}M}{V_{\mathrm{t}}}} = 0.18$$

略去泄漏系数后，$K_{\mathrm{ce}} \approx K_{\mathrm{c}}$，则

$$\frac{V_{\mathrm{t}}}{4\beta_{\mathrm{e}}K_{\mathrm{ce}}} = 0.03\mathrm{s}, \quad \frac{K_{\mathrm{ce}}}{A_{\mathrm{p}}^2} = 4 \times 10^{-6}\mathrm{m}/(\mathrm{s} \cdot \mathrm{N})$$

则闭环系统结构如图 8-6 所示。

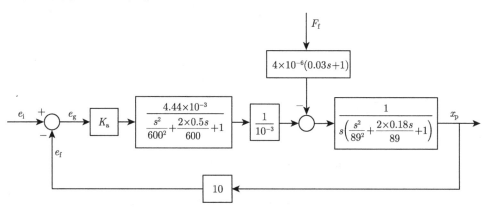

图 8-6　闭环系统结构图

　　调整直流放大器增益的数值，利用 MATLAB 绘制不同数值下的对数频率特性曲线，观测其幅值裕度和相角裕度，发现当直流放大器增益 K_{a}=0.2A/V 时，系统的截止频率为 10rad/s，幅值裕度为 10.7dB，相位裕度为 87.1°，满足要求。系统频率特性曲线如图 8-7 所示。校正前系统阶跃响应曲线如图 8-8 所示。

　　当 K_{a}=0.2A/V 时，由于干摩擦引起的误差为

$$e_{\mathrm{ssf}} = \frac{K_{\mathrm{ce}}F_{\mathrm{f}}}{K_{\mathrm{v}}A_{\mathrm{p}}^2} = \frac{K_{\mathrm{ce}}F_{\mathrm{f}}}{(K_{\mathrm{a}}K_{\mathrm{qs}}K_{\mathrm{f}}/A_{\mathrm{p}}) \cdot A_{\mathrm{p}}^2} = 9 \times 10^{-4}\mathrm{m} = 0.9\mathrm{mm}$$

　　若要误差减小为原来的 1/4，则增益应增大为原来的 4 倍，即 K_{a}=0.8A/V，若不改变原系统的截止频率，则滞后校正元件的分度系数应为 4，取滞后校正元件的传递函数为

$$G_{\mathrm{c}}(s) = \frac{\dfrac{s}{7.4} + 1}{\dfrac{s}{1.85} + 1}$$

则校正后系统的闭环结构图如图 8-9 所示。

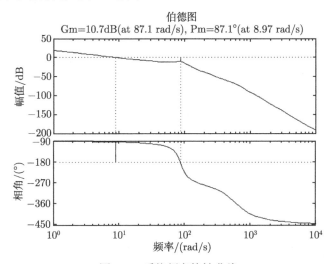

图 8-7　系统频率特性曲线

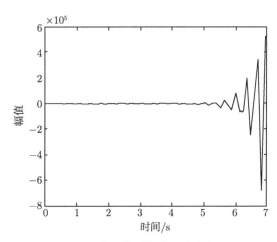

图 8-8　校正前系统阶跃响应曲线

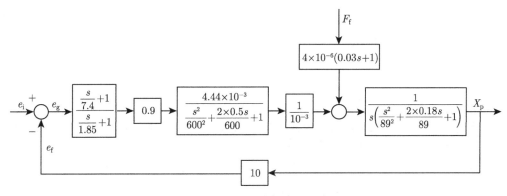

图 8-9　校正后系统闭环结构图

校正后系统相角裕度为 61.7°，幅值裕度为 10.5dB。基本满足要求，系统频率特性曲线如图 8-10 所示。

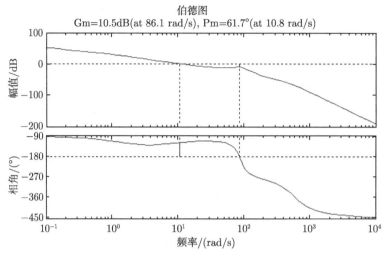

图 8-10　系统频率特性曲线

校正后系统阶跃响应曲线如图 8-11 所示。

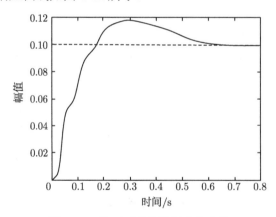

图 8-11　校正后系统阶跃响应曲线

8.2.5　泵控马达速度控制系统

泵控马达速度控制系统有开环控制和闭环控制两种。

1. 泵控马达开环速度控制系统

如图 8-12(a) 所示，变量泵的斜盘倾角由比例放大器、伺服阀、液压缸和位移传感器组成的位置回路控制。通过改变变量泵斜盘倾角来控制供给液压马达的流量，以此来调节液压马达的转速。因为是开环控制，受负载和温度变化的影响较大，控制精度差。

2. 带位置环的泵控马达闭环速度控制系统

如图 8-12(b) 所示。它是在开环速度控制的基础上，增加速度传感器将液压马达转速进行反馈, 构成闭环控制系统。速度反馈信号与速度指令信号的差值经积分放大器加到变量伺服机构的输入端, 使泵的流量向减小速度误差的方向变化。采用积分放大器是为了使开环系统具有积分特性, 构成 I 型无差系统。通常, 由于变量伺服机构的惯性很小, 液压缸–负载的固有频率很高, 阀控液压缸可以看成积分环节, 伺服变量机构基本上可以看成比例环节, 系统的动态特性主要由泵控液压马达的动态所决定。

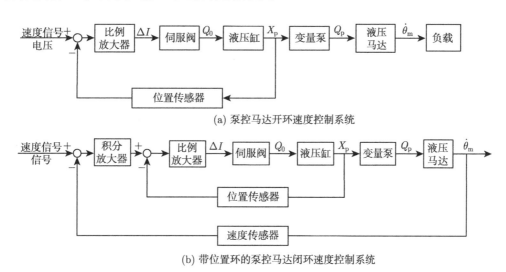

(a) 泵控马达开环速度控制系统

(b) 带位置环的泵控马达闭环速度控制系统

图 8-12　两种泵控马达速度控制系统的原理方框图

3. 不带位置环的泵控马达闭环速度控制系统

如果将图 8-12(b) 中的变量伺服机构的位置反馈去掉, 并将积分放大器改为比例放大器, 可以得到图 8-13 所示的闭环速度控制系统。因为变量伺服机构中的液压缸本身含有积分环节, 所以放大器应采用比例放大器, 系统仍为 I 型系统。由于积分环节是在伺服阀和变量泵斜盘力的后面, 所以伺服阀零漂和斜盘力等引起的静差仍然存在。变量机构开环控制, 抗干扰能力差, 易受零漂、摩擦等影响。

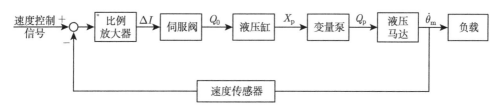

图 8-13　不带位置环的泵控马达闭环速度控制系统

例题　设有一液压伺服速度控制系统, 其原理如图 8-14 所示。考虑伺服阀的动态特性, 其参数为 $K_{sv}=3600\times10^{-6}$, $\omega_{sv}=600$, $\xi_{sv}=0.5$, 液压缸的参数为 $K_h=1.25\times10^6$, $\omega_{sv}=388$, $\xi_{sv}=0.94$, 放大器的增益为 $K_a=0.05$, $i=3$ 试用 Simulink 绘制方框图和该系统的开环伯德图; MATLAB 编程实现校正前后的伯德图, 分析校正前后的变化。

解　(1) 根据给定的参数, 利用 Simulink 对系统进行建模, 如图 8-15 所示。

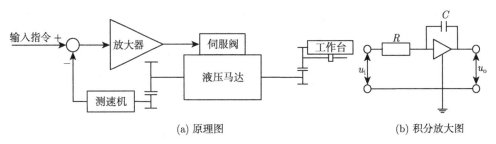

(a) 原理图   (b) 积分放大图

图 8-14   某液压伺服速度控制系统原理图和积分放大图

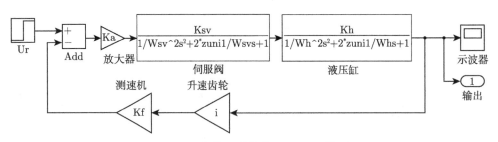

图 8-15   未校正系统的 Simulink 模型

给上述模型中的变量赋值, 编写 MATLAB m 文件程序 (initial.m):

```
%伺服系统的初始参数
Wsv=600;
zuni1=0.5;
Ksv=3060e-6;
Ka=0.05;
i=3;
Kf=0.175;
Wh=388;
zuni2=0.94;
Kh=1.25e6;
```

运行上述程序后, 图 8-15 模型中的变量被赋值, 再对上述 Simulink 模型进行仿真, 出错, 得不到仿真结果。

(2) 位置未校正系统的伯德图。编制 MATLAB 程序:

```
%伺服系统的初始参数
Wsv=600;
zuni1=0.5;
Ksv=3060e-6;
Ka=0.05;
i=3;
Kf=0.175;
Wh=388;
```

```
zuni2=0.94;
Kh=1.25e6;
%未校正系统的开环传递函数
sys=tf(Ka*Ksv*i*Kf*Kh,conv([1/Wsv^2 2*zuni1/Wsv 1],[1/Wh^2 2*zuni2/Wh 1]));
margin(sys)
grid
```

运行上述程序, 得到未校正系统的伯德图, 如图 8-16 所示。

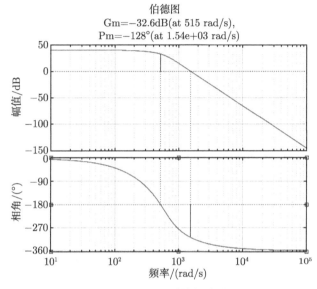

图 8-16　未校正系统的伯德图

从图 8-16 看出, 系统的稳定裕度 ($G_\mathrm{m} = -32.6\mathrm{dB}$, $P_\mathrm{m} = -128°$) 为负, 可以判定系统是不稳定的。即使 K_0 值调到很低, 对数幅频特性曲线也是以 $-80\mathrm{dB/dec}$ 或 $-40\mathrm{dB/dec}$ 的斜率穿越零分贝线, 系统的相位裕量和幅值裕量都趋于负值, 使系统不稳定, 即使勉强维持稳定, 由于 K_0 值太小, 确保系统精度将无从谈起。为了使系统有一定的稳定裕量, 必须加校正环节。在速度控制系统中, 可以用运算放大器组成积分放大器代替原有放大器。积分放大器如图 8-14(b) 所示, 其传递函数为

$$G_\mathrm{c}(s) = \frac{1}{Ts}$$

式中, T——积分时间常数, $T=RC$。

　　若 $T=20$, 则

$$G_\mathrm{c}(s) = \frac{0.05}{s}$$

加校正后系统的方框图如图 8-17 所示。

　　给图 8-17 中参数赋值后, 运行该 Simulink 模型得到如图 8-18 所示响应曲线。

　　图 8-18 表明, 校正后的速度控制系统是稳定的。以下再根据校正后系统的开环伯德图查看系统稳定与否。

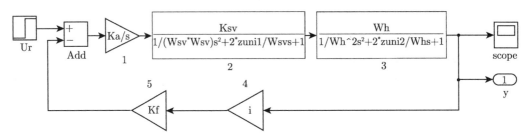

图 8-17　校正后速度控制系统的 Simulink 方框图

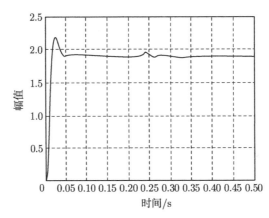

图 8-18　校正后速度控制系统的 Simulink 仿真响应曲线

编制 MATLAB 程序如下, 实现伯德图和奈奎斯特图的自动生成。

```
%伺服系统初始参数
Wsv=600;
zuni1=0.5;
Ksv=3060e-6;
Ka=0.05;
i=3;
Kf=0.175;
Wh=388;
zuni2=0.94;
Kh=1.25e6;
%校正后系统的开环传递函数
sysj_open =tf(Ka*Ksv*i*Kf*Kh,conv([1/Wsv^2 2*zuni1/Wsv 1 0],[1/Wh^2 2*
          zuni2/Wh 1]));
figure(1)
margin(sysj_open)
grid
figure(2)
subplot(121)
```

```
pzmap(sysj_open)
grid on
subplot(122)
nyquist(sysj_open)
figure(3)
subplot(121)
impulse(feedback(sysj_open,1))
grid
subplot(122)
step(feedback(sysj_open,1))
grid
```

运行上述程序, 得如图 8-19 所示的伯德图和奈奎斯特图。

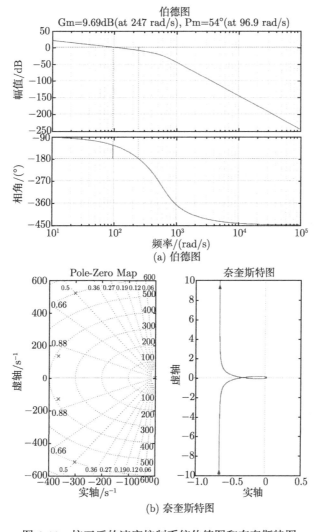

(a) 伯德图

(b) 奈奎斯特图

图 8-19　校正后的速度控制系统伯德图和奈奎斯特图

采用校正后，穿越频率虽然降到 $\omega_c = 247\mathrm{rad/s}$，但系统有 $54°$ 左右的稳定裕量。由于 $G_m = 9.69\mathrm{dB}$, $P_m = 54\mathrm{deg}$, 可以判定系统是稳定的。从图 8-17 中还可以看出，当输入 $U_r = 1\mathrm{V}$ 时，系统所对应的希望输出为

$$\dot{\theta}_m = U_r \frac{1}{K_{fv}} = 1 \times \frac{1}{0.175 \times 3}\mathrm{rad/s} = 1.9\mathrm{rad/s}$$

8.3 AMESim 建模与仿真

AMESim 是航空发动机燃油与作动系统常用的多体动力学建模与仿真软件之一，可以对控制部件设计结构性能参数、控制系统控制器等进行建模仿真，据此进行性能预测与优化。以下以航空发动机典型液压元件或电液伺服控制系统为例，介绍 AMESim 软件在航空发动机液压控制元件及系统建模仿真方面的使用。

8.3.1 等压差阀和定压阀

等压差阀是燃油计量装置的重要元件之一。其作用是保持计量阀前后压差不变，使计量阀流量与其开度线性相关，从而实现燃油量的线性控制。建模中，需要结合等压差阀的结构原理搭建其 AMESim 模型。图 8-20(a) 为一种等压差阀的应用实例。这种等压差阀感受计量阀前后压力 p_1 和 p_2，作用于主阀芯上。从力平衡角度看，两者之差与弹簧力平衡，当压差变化时，通过压差阀的移动，改变回油量，以保证计量阀前后压差为常数。图 8-20(b) 为等压差阀 AMESim 模型，其中左、右腔分别连接计量阀进、出口，中间为压力平衡进口压力与回油腔联通腔，与图 8-20(a) 结构原理一致。图 8-21 为等压差阀仿真结果。该图表明，当出口压力 p_2 增加时，计量阀前后压差基本保持不变。

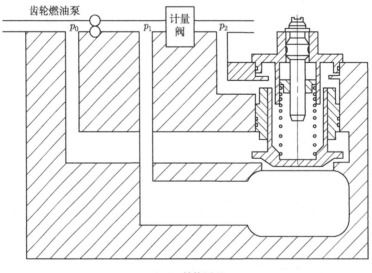

(a) 结构原理

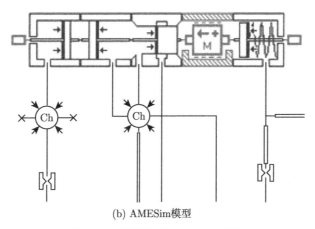

(b) AMESim模型

图 8-20　等压差阀 AMESim 模型

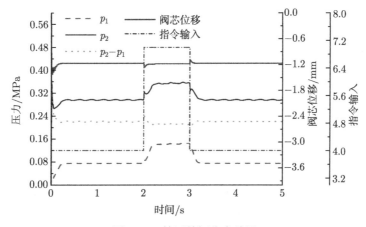

图 8-21　等压差阀仿真结果

　　发动机燃油系统中，定压阀一般用作安全保护或给伺服燃油提供恒定的供油压力。在 AMESim 软件中建立仿真模型，结构如图 8-22 所示。图 8-23、图 8-24 分别给出了进口油压与负载不同时由 AMESim 仿真得出的曲线。图中显示，该定压阀可以在不同工况下保证其出口压力恒定。

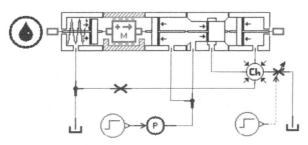

图 8-22　AMESim 仿真模型

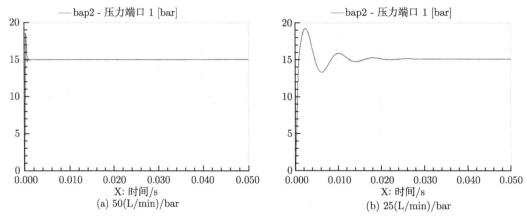

图 8-23　不同阀口流量–压力梯度的定压阀调压过程

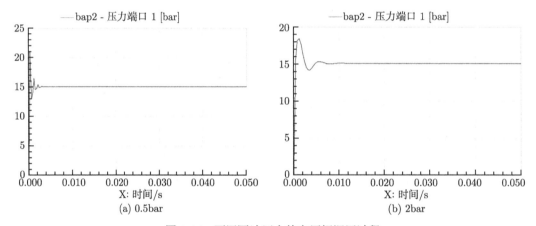

图 8-24　不同回油压力的定压阀调压过程

8.3.2　燃油计量装置

　　燃油计量装置是航空发动机中最基本的燃油调节执行机构。按驱动方式分，常见的燃油计量装置主要有电液伺服阀驱动和步进电机驱动。步进电机是将电脉冲信号转变为机械角位移或线位移的执行元件，输入脉冲信号与转角呈线性关系，输出角位移无累积误差且易于实现与计算机或其他数字元件的接口。国外航空发动机燃油计量装置中已广泛采用步进电机作为驱动机构，如阿赫耶 2、普惠 PT6 等发动机。图 8-25 为燃油计量装置原理图。燃油经燃油泵进入计量阀，其前后压力分别引至等压差阀下腔和上腔，上下腔的压差与弹簧力平衡，压差可根据需要通过调整弹簧的预压缩量设定。压差不变时，计量阀的燃油量仅与其开度成正比。角位移传感器测得计量阀实际位移，反馈给控制器驱动步进电机，实现对燃油流量的精确控制。本节对基于步进电机驱动的燃油计量装置建模与仿真做简单介绍。

　　由于步进电机是电磁机械耦合部件，作者所使用的 AMESim 软件中尚未在相关模型库中发现可直接使用的步进电机 AMESim 模型。本例中采用了 MATLAB 自建步进电机模型，对该燃油计量装置的机械液压部件建模，再利用 AMESim 提供的联合仿真接口，实现 AMESim/MATLAB 联合仿真，从而完成整个计量装置的建模，如图 8-26 所示。

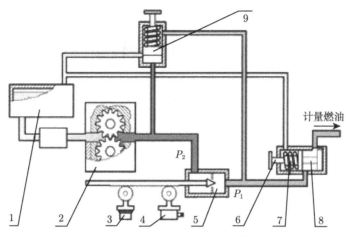

图 8-25　燃油计量装置原理图

1. 油箱；2. 齿轮泵；3. 位移传感器；4. 步进电机；5. 计量阀；6~8. 背压阀组件；9. 等压差阀组件

图 8-27 所示为背压 (喷嘴前压力) 阶跃变化 (在 1s 时刻从 14.5bar 升至 27.7bar，再在 2s 时刻降至 14.5bar) 时，进、出口压力和压差响应特性。图 8-27(a) 中背压先阶跃增大再阶跃减小近 50%，其变化范围较大。从图 8-27(b) 看出，待等压差阀稳定时，压差值保持在 2bar 附近。由图可知当计量阀阀口开度不变时，背压突变对计量装置流量稳态输出的影响可以忽略，且等压差阀对背压改变的动态响应较快，等压差阀模型有良好的精度和动态性能。图 8-27(c)、(d) 为步进电机转动步数 (角度) 对应计量阀开度，计量阀输出燃油量的对应关系。可以看到，燃油量跟随计量阀开度或开口面积变化，两者线性关系较好，表明所建模型可以模拟实际装置对燃油量的精确控制。

图 8-28 为背压变化时整个燃油计量装置的响应。该特性表明装置的抗干扰能力。在飞行过程中，因飞行速度、飞行高度变化或尾喷口变化，影响喷嘴前压力，为了确保燃油量不变继而发动机转速不变，计量装置需要及时调节，以适应这一变化。这一过程是外界干扰引起的，飞行中飞行员不推动油门杆时，因环境变化或调整发动机喷口面积而导致计量装置燃油出口背压改变，不应影响燃油流量，即当计量活门阀口开度不改变时，背压的变化不影响计量流量的大小。由图 8-28(a) 看出，计量阀位移不变时，背压变化较大时 (图 8-27(a)、(b))，等压差阀在调整弹簧作用下调节阀口开度，若背压增加，减小回油流量，相应地增大计量活门进口压力，当压差回到合理范围后系统达到稳定。背压减小时原理相同不再赘述。由图 8-28(b) 可知，计量流量在达到稳定状态后基本没有改变，其在正、负阶跃下调整时间分别约为 60ms 和 70ms，超调量分别为 1.4% 和 2.5%左右。

由以上相关示例看出，航空发动机燃油系统及执行机构的计算机建模与仿真，需要基于所采用的仿真软件和拟研究的内容或关心的主要问题综合分析确定，有时仅需一种商用软件即可完成建模与仿真分析，有时需要联合两个或多个软件进行。另外，限于商用软件不可能完全依赖特定对象或问题设计，现代计算机建模仿真分析用于产品或系统研制时，仍有很多基于用户自定义或自建模型进行液压控制系统的计算、分析与设计，以弥补商用软件模块的不足。最后需要指出，无论采用商用建模仿真软件还是自行设计仿真程序，均与实际对象存在一定误差。仿真平台、模型的选择和参数设定均需考虑所需的仿真精度综合确定。

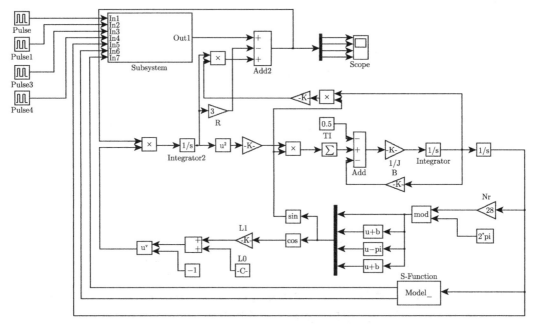

(a) 步进电机MATLAB/Simulink模型

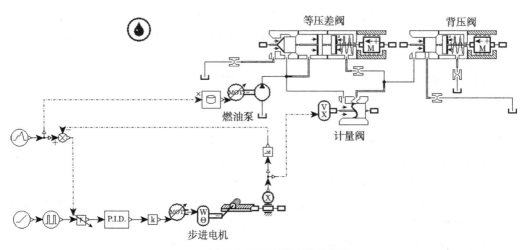

(b) 计量装置机械液压部分模型

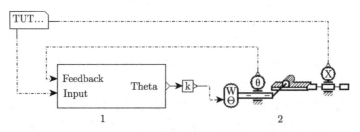

(c) 计量装置机械液压部分模型

图 8-26　步进电机控制的燃油计量装置仿真模型

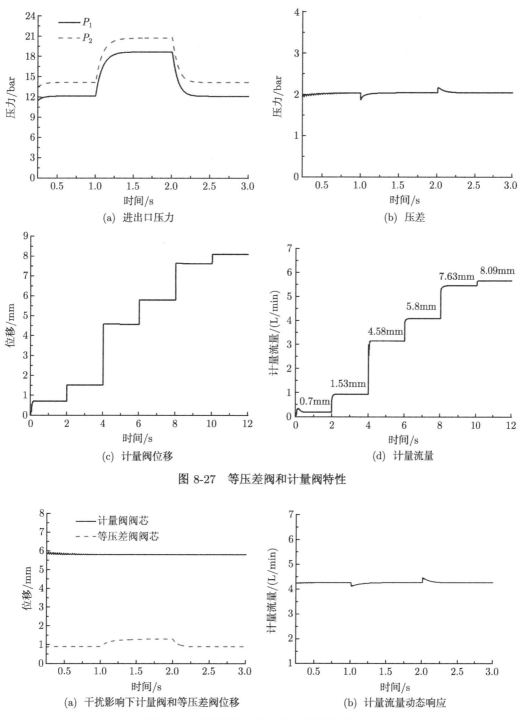

(a) 进出口压力　　　　　　　　　　(b) 压差

(c) 计量阀位移　　　　　　　　　　(d) 计量流量

图 8-27　等压差阀和计量阀特性

(a) 干扰影响下计量阀和等压差阀位移　　　　(b) 计量流量动态响应

图 8-28　背压变化时整个燃油计量装置响应

<h2 style="text-align:center">思　考　题</h2>

1. 基于纯数学模型解析的建模仿真和面向对象的多体动力学建模仿真使用时有何异同点？
2. 分析图 8-20(b) 等压差阀模型左右两腔液阻、弹簧刚度及初始压缩量对其动态特性的影响。
3. 联合仿真计算速度与控制系统本身的实时性关系如何？

<h2 style="text-align:center">习　　题</h2>

1. 试根据 8.2 节高速电磁阀的数学模型，用 MATLAB 绘制其流量动态曲线。
2. 绘制图 8-25 所示系统的框图，推导其传递函数，并用 MATLAB 分析其动态特性。

参 考 文 献

[1] 梅里特 H E. 液压控制系统. 陈燕庆译. 北京：科学出版社，1976.
[2] 王春行. 液压控制系统. 北京：机械工业出版社，1999.
[3] 李洪仁. 液压控制系统. 北京：国防工业出版社，1981.
[4] 王占林，李培滋. 飞机液压传动与伺服控制. 北京：国防工业出版社，1986.
[5] 孙文质. 液压控制系统. 北京：国防工业出版社，1985.
[6] 顾瑞龙. 控制理论及电液控制系统. 北京：机械工业出版社，1984.
[7] 刘长年. 液压伺服系统的分析与设计. 北京：科学出版社，1985.
[8] 孙建国. 现代航空动力装置控制. 北京：航空工业出版社，2009.
[9] 宋志安. 基于 MATLAB 的液压伺服控制系统分析与设计. 北京：国防工业出版社，2007.
[10] 宋志安，曹连民，黄靖，等. MATLAB/Simulink 与液压控制系统仿真. 北京：国防工业出版社，2012.
[11] 李军，付永领. 多学科多目标评价及其在电静液作动系统中的应用. 计算机集成制造系统，2005，11(3): 433-437.
[12] 邱献双. 先进的作动器技术研究. 航空科学技术，2009, (4): 6-8.
[13] 江林秋. 新型偏转板射流液压伺服阀的设计与研究. 南京：东南大学，2013.
[14] 刘增光，杨国来，岳大灵，等. 偏转板射流阀压力特性数值模拟分析. 液压与气动，2016, (2): 76-79.